日本咖啡名店優質烘焙技術

Reference book for the Coffee Roasting

日本咖啡名店優質烘焙技術

Reference book for the Coffee Roasting

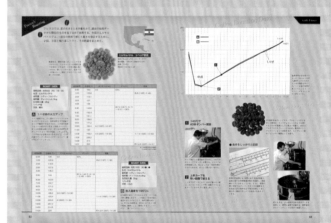

●**本書中因刊載了採訪店家的烘焙資料，請多加參考。**

※資料的記載項目，會隨各店家的烘焙機款式而有差異。

※資料會隨著生豆種類、天氣或店鋪環境等因素而每天加以更動。此外，溫度的變化也會隨烘焙機的機種與特性而有所差異。所有採訪店家的烘焙資料，都是以採訪當時的烘焙資料為主，僅供參考。

※資料上的烘焙深度是依照每家店的基準所記載的烘焙深度。

※內容所刊載的店家情報、商品、價格等內容，為2011年7月的資料。

東販咖啡書籍，讓您學會
咖啡專業技巧

咖啡吧台師傅教戰守策
旭屋出版／著　定價480元

本書介紹咖啡吧台師傅所扮演的魅力與角色，深入淺出的教導咖啡吧台師傅的工作流程、應有的儀態及待客服務等基本功夫，並舉各大咖啡連鎖店為例，探討咖啡吧台師傅的培訓，也介紹了沖煮咖啡專用的機器、器具的操作。

Latte Art拉花創作教科書
旭屋出版／著　定價450元

本書以咖啡拉花教學為中心，由日本14家咖啡廳、共16位咖啡吧台師傅傳授多款拉花圖案，包括基本的愛心與葉子造型，還有難度更高的多種動物、人物造型。可說是一本詳細、實用的咖啡拉花藝術入門手冊。

咖啡與烘焙機
旭屋出版／著　定價380元

本書將日本具話題性咖啡店的招牌咖啡，以圖文式加以詳細描述。並且把各家咖啡店所使用的咖啡豆、烘焙方式，以及店家的設立概念，加以整理報導，讀者可以了解到該店的歷史與特色。

咖啡吧台師傅頂級技術
旭屋出版／著　定價480元

本書取材自日本國內大賽或是世界大賽裡，表現優異且具「世界級水準」的咖啡吧台師傅的技術和觀點，並以《咖啡吧台師傅的教戰守策》中的技術為基礎，將頂尖咖啡吧台師傅所需具備的觀點和技術作為重點，加以介紹。

歡迎洽詢訂購！　台灣東販股份有限公司
台北市南京東路4段130號2F-1

戶名：台灣東販股份有限公司　郵撥帳號1405049-4
TEL／(02)2577-8878　http://www.tohan.com.tw

處理「精緻咖啡」的烘焙程序

堀口珈琲的想法與實踐

（文／上原店店長・若林恭史）

在產地情報和原料履歷明確的咖啡還不流通的時代，不單單是「特定生產者所生產，具有獨特香味的原料」，就連想要取得「無損原料」也是件困難的事，所以為了提升咖啡品質，就必須花費時間與技術進行「挑出品質不佳的生豆與瑕疵豆，使原料純正的步驟」，或是「在烘焙或萃取上多下工夫，以掩飾原料本身的缺陷」。

但在高品質咖啡能以較穩定的方式流通的當下，咖啡的世界則因原料的區別而形成了兩極化的趨勢，也就是「精緻咖啡」與流通已久的「一般咖啡」這兩個世界。當然依據所選擇的原料不同，包含烘焙在內的處理程序也都會完全不同。

要是選擇做「精緻咖啡」的話，越是優質的原料，其採購價格就會越昂貴，也因此使得販售價格不得不訂得高一點（但要注意，當中也有品質不符價格的情況）。因此，取得「精緻咖啡」的咖啡店家就必須要在確實理解其價值並加以妥善處理的前提下，根據「知識」與「香味」兩方面，向一般消費者介紹、推廣這種在根本價值上與以往「普通咖啡」截然不同的咖啡。

只要消費者無法確實理解「精緻咖啡」是項高品質的產品，他們就無法切割「普通咖啡」，改支付高額金額飲用「精緻咖啡」，所以取得「精緻咖啡」的咖啡店家，就必須介紹並讓顧客體驗這種顛覆舊有概念的好咖啡，讓一般消費者進入這個與過去完全不同的咖啡世界。

因此，堀口珈琲不會根據顧客的意見變更採購的生豆、烘焙、萃取及販售方式，而是抱持將顧客帶領到嶄新的咖啡世界的想法，在各方面上鑽研琢磨。

本稿將會盡可能簡單地歸納與介紹堀口珈琲從原料選定到烘焙的過程中所留意的部分與所做的事情。希望能給致力推廣「精緻咖啡」的人們一個參考。

鑽研烘焙技術前
應當知道的事

烘焙在咖啡的處理上，毫無疑問是項非常重要的工程，但以不同的觀點來看，充其量或許只是當中的一個過程。特別是在處理高品質原料時，深入瞭解該項優質原料，不但是最基本的步驟，也同時是最重要的部分，如果不瞭解這個階段的重要性，就將無法持續進行優質的烘焙。

咖啡是種農產品，所以從生豆的栽培開始，在經過了收成、精製、篩選、運輸等繁雜的程序後，才會送到我們咖啡店家手上。要是對「這是哪個地區、由誰、以怎樣的品種、經由怎樣的工序生產的」以及「是以何種形式包裝、在什麼樣時機和方法運輸的」、「在日本國內的保存狀況是？是收成後經過多長時間的產品？」等情報一知半解，只埋首在烘焙技術（及萃取技術）上，是無法將難取得的原料魅力引導出來。

店家要根據這些情報反覆（經年累月）體驗（品嚐、烘焙）各種產地及程序的咖啡，才能夠理解各產地的特性，並將該產地的個性烘焙出來。

堀口珈琲遠從缺乏產地情報與高品質原料的時代起，就盡可能地不斷重複這項作業，如今才能以這份累積的知識下來，評量並處理現在的咖啡。

單一生產者的原料原味，我們會以引出原料最大限度個性的香味為目標。雖然單純說是個性，但該如何處理香氣、酸度、濃韻、質感等種種要素？又該著重於那項要素才能引出該原料的「風味」？可都是非常重要的問題。

就綜合咖啡而言，也並非只是單純加以混合的產物，而要將之視為是一種讓各具特殊香味的單品咖啡互相搭配，以藉此創造出嶄新香味的行為。這具有兩種方向性。

其一是「並非是突顯特定香氣，而是採高標準加以調和的綜合咖啡」。這是能夠整年維持相同香味的主力綜合咖啡。

其二是「以個性強烈的咖啡為主角，再添加其他咖啡調味，藉此創造出嶄新香味的綜合咖啡」。這種綜合咖啡，一旦做為主力的咖啡庫存告罄或是香味變質就會無法製作，因此無法時常販售。

想要製作綜合咖啡，就必須要瞭解各種咖啡的香味（咖啡豆的特性、烘焙深度產生的變化），並且明確定義各種咖啡所要扮演的角色，才能夠去想像這些咖啡在調和之後的香味。我們要依據這份想像開始各個咖啡的烘焙作業。

要引出反映原料個性
的「香味」

堀口珈琲在提供咖啡時，最重視咖啡的「香味」，我們致力實現以下這兩項重點。

1. 就連法式烘焙也要確實反映產地的地域風味（Terroir），製作出無損香味，且不被焦味與煙燻味掩蓋口感的咖啡。
2. 法式烘焙以外的烘焙深度也要注重香味的多樣性，追求能反映優秀地域風味（Terroir）的香味。

再說得淺白一點，就是指所提供的咖啡能否發揮來自生產、品種與加工程序的個性。只要在優秀的風土環境下栽培適當的品種，並施以適當的加工程序，就會培育出能散發特殊香味的原料。該如何理解並引出該原料所能展現的個性，是製作咖啡時的重點。

此外，堀口珈琲對法式烘焙則十分講究。單純深焙的咖啡是多如繁星，但能夠確實引出原料的個性，完成富有香氣、口感和質感，讓人回味無窮的好咖啡卻很少。唯有匯集原料、器具以及處理人員的技術，始有可能製作出富有絕佳香氣的法式烘焙。

單品咖啡與綜合咖啡在
考量上的差異

在販售「精緻咖啡」時的提供方式，有分為直接提供生產者原味的單品咖啡，與提供讓各種咖啡相互搭配的綜合咖啡。根據提供咖啡的方式，堀口珈琲在考量與處理方式上多少會有些差異。

在提供單品咖啡時，為了讓消費者品嚐到

<表1>

主力綜合咖啡的配方改變範例

配方1
瓜地馬拉A莊園　　　5
坦尚尼亞B莊園　　　3
哥倫比亞E農協　　　2

配方2
（烘焙後檢查發現濃縮感稍嫌不足，因此追加巴西D莊園的咖啡豆）
瓜地馬拉A莊園　　　4
坦尚尼亞B莊園　　　3
哥倫比亞C莊園　　　2
巴西D莊園　　　　　1

配方3
（因為坦尚尼亞的咖啡豆香味變質，所以從根本上修訂配方）
瓜地馬拉A莊園　　　4
哥斯大黎加B莊園　　3
哥倫比亞C莊園　　　2
肯亞D莊園　　　　　1

配方4
（哥倫比亞C莊園的咖啡豆告罄，改用E農協的咖啡豆。配方也進行微調。）
瓜地馬拉A莊園　　　3
哥斯大黎加B莊園　　3
哥倫比亞E農協　　　3
肯亞D莊園　　　　　1

對於香味的重現性與安定性的考量

　　烘焙作業除了需考慮到咖啡香味的表現方式外，同時還得追求味道的重現性。然而，咖啡卻是種農產品，就算出自於同一生產者之手，香味也會隨著每次收成而多少出現點差異。此外，進貨後也會隨著時間流逝等各種因素而時常產生變化。因此，堀口珈琲在販售單品咖啡和前述的「以個性強烈的咖啡為主角，再添加其他咖啡做為調味，藉此創造出嶄新香味的綜合咖啡」時，不會採取穩定的做法，而是會根據咖啡當時的情況，在烘焙時強調該咖啡的優點。

　　另一方面，提到「能夠整年維持相同香味的主力綜合咖啡」，我們販售的每項綜合咖啡，都帶有店長（代表：堀口俊英）想像中的香味，會使用當時能用的生豆，調配出香味在容許範圍內的咖啡。

　　具體來講，就是每當我們購入新生豆、使用中的生豆因狀態變化而導致香味改變、以及使用中的生豆庫存告罄時，就會去變更調配的配方（表1）。此外，為配合香味的印象，烘焙程序也會對應綜合咖啡的各項要素不時地調整。

從採買生豆到商品化的流程

（以長期購買的生產者的狀況）

生豆樣品檢查

從生產者手中取得初期樣品，進行烘焙測試與杯測程序。
確認咖啡豆的品質在與往年相較之下是否有大幅變動？是否帶有該年特有的香味？以及是否有出現問題？
將結果反應給生產者。

在生產地完成商品（生豆）

靜置1～2個月。

裝運前樣品檢查

取得裝船前的樣品，檢查商品的完成度。假如沒有問題就直接送運。
篩選不夠確實的情況下，有時會委託業者重新篩選。

從產地運往裝運港

裝運港位處高溫多濕的低窪地區，會對生豆造成極大負擔的環境。
因此要委託業者進行各種處理，以避免生豆滯留港口。

船運→抵達日本→恆溫倉庫

盡可能使用冷凍貨櫃降低對生豆的負擔。
除此之外，還要導入緩和運送損傷的特殊包裝。

烘焙測試

對抵達日本的現貨進行烘焙測試，根據烘焙時的感覺與杯測結果，確認生豆的狀況與香味特徵。
並以此為基準，推測各種生豆的適當使用期間，做出「這種咖啡豆能夠整年使用」、「這種咖啡豆隨時間變質的情況似乎很快，要在半年內用完」等判斷，制定大略的販售計畫。此外，咖啡在做為商品販售時的成品印象，也要在此階段做個初步建構。

首次烘焙

依照烘焙測試時的印象進行烘焙。
確認咖啡豆在烘焙中的反應及香味變化，假如與預期中的一樣就保持現狀，在想像中的烘焙深度停止烘焙；要是反應不如預期，就一邊修正一邊烘焙，尋找停止烘焙的烘焙深度。確認烘焙後的香味，藉此把握下次烘焙該修正的部分。

樣本烘焙使用直火式1kg烘焙機。

烘焙測試要用中深焙

在烘焙測試時，基本上不論哪種豆都要採用相同的設定（火力、排氣）、在相同的烘焙深度完成烘焙，藉此確認每種豆的特性。烘焙深度要用中深焙，而一般的杯測樣品則是採用深焙。
這麼做的目的，除了要確認咖啡的香味特性外，還要測試該咖啡豆能烘焙到什麼程度。我們可藉由該次烘焙所測量到的酸度與質感，推測該咖啡豆承受何種程度的烘焙。

※雖然概括說是中深焙，但各家咖啡店之間也會有所差異。不計算L值（豆的明暗度）等數值。

每天烘焙與修正

烘焙作業會因為天候與季節等烘焙環境的變化，以及生豆狀況這種原料上的變化影響，需要每天進行修正。因此，要依循先前的經驗每天烘焙，根據必要和臨場判斷逐步修正烘焙程序。
而諸如原料的狀態變化等等，在每天烘焙作業中得到的情報也要反應給生產者知曉。

用濾紙滴濾法確認香味

在要確認烘焙好的咖啡香味時，萃取方法會採用最常見的濾紙滴濾法。基本上會使用昨天烘焙好的咖啡豆，但有疑慮的咖啡豆會先保存一個禮拜左右，等經過一段時間之後再行確認。當味道出現差異時，就會根據需要修正烘焙深度、烘焙程序，並重新調配綜合咖啡的配方。

優質香味的表現＝
高度的杯測技巧

依循上述的內容，可以發現烘焙是種將原料持有的個性（源自於地域風味、品質、加工程序等）以某種方式展現出來的作業。而想要刻意展現個性，就必須要具備高度的杯測技巧。這是因為，我們必須要站在客觀的角度判斷，才能知道自己烘焙的咖啡香味是否有確實捕捉到該咖啡的特徵。

這邊所指的杯測技巧，並不限於SCAA（美國精緻咖啡協會）等形式進行的評鑑方式，同時也是指能在各種烘焙深度下確認香味的能力。

因此，在進行烘焙之前的重點，就在於要體驗各種香味的咖啡、灌輸自己有關香味的知識；而在製作一杯咖啡的過程中，最重要的關鍵就是「確認香味」。實際上，堀口珈琲的烘焙師會經常反覆地確認咖啡的香味並修正烘焙程序（表2）。

高品質原料的篩選工程極為嚴謹，因此不會混入太多瑕疵豆，但想要除去花豆與殘留的瑕疵豆，就必須在烘焙後進行手選（Handpick）程序。手選後的殘留量約為生豆的80～85%（包含烘焙時減少的量）。在與莊園長年交流的過程中，反應瑕疵出現的情況，也能有助於提升咖啡的味道與品質。

<表3>

與生產者、出口商之間的嘗試

瓜地馬拉 聖卡塔琳娜（Santa Catarina）莊園
將單一地區分離出來確認香味的嘗試

哥倫比亞 奧斯瓦德（Oswald）莊園的阿拉比卡豆
以提升品質為目的而要求改進乾式處理法（dry mill）

哥斯大黎加 Coffea Diversa
支援生產幾乎不進行商業生產的特殊品種

哥斯大黎加 La Candelilla
不採用機械方式去除果膠，而是要求用既有的水洗處理法精製生豆

可藉由與生產者、出口商建立長期合作關係，嘗試推進新的運輸與包裝方式。保持生豆鮮度的真空包裝袋就是其中一例。

堀口珈琲的烘焙師培育方式

在堀口珈琲裡，想要朝烘焙師之路邁進，首先要加深自己對原料與香味的理解，提升自己的杯測技巧，讓自己去體驗並理解各式各樣的咖啡。之後儘管能參與烘焙作業，最初還是得要依照前輩烘焙師的指示操作烘焙鍋，不用多想，藉由實際操作讓身體習慣烘焙的動作。

接著再學會烘焙深度與烘焙程序後，才算是達到能獨自烘焙的階段。但接下來的階段會更為重要，需要經常重複烘焙→驗證→修正的步驟，讓前輩烘焙師和其他成員檢查烘焙豆，指出應當修正的地方。

累積這些經驗，確認烘焙出來的咖啡豆是否有和自己想像中的香味保持一致，而自己的想像又是否能和堀口珈琲的印象共存，並磨練自身的感受性。

此方法需經過共享印象的步驟，因此烘焙相關作業不適合多人同時進行。基於這點，各分店的烘焙作業是由2人一組負責。如果2人之間能夠高度共享彼此的印象，那麼就會為了培育新人而組成3人小組。

與產地建立合作關係有助於提升烘焙品質

為取得具備優質香味的原料，堀口珈琲會培育獨自的進貨訣竅。在採購生豆之際，會著重以下這幾點：

1．杯測品質

這是否為一杯能具體呈現產地個性的咖啡，就看你能否用客觀的立場說它具備優質的香味。

因此，在調度原料的階段，我們會採用SCAA的杯測基準做為客觀的指標，奠定「商品皆要以SCAA基準85分以上為目標，至少要提供80分以上的咖啡」的原則。

2．是否能承受深焙？

唯有深焙才能展現咖啡的個性，讓咖啡帶有淺焙時沒有的香味、濃度、濃厚感與甘度。因此，我們會追求儘管烘焙到法式烘焙的程度，也不會因此喪失產地個性的咖啡。

能否承受到深焙的程度，是堀口珈琲選擇生豆的一個重要指標。就如同前述所說，販售能充分發揮咖啡豆個性的法式烘焙，是堀口珈琲在提供咖啡時的原則之一。

3．合作關係

想要穩定取得高品質的咖啡，就要購買具有相同理念的生產者和出口商的生豆，與他們建立長期合作關係。在建立關係的過程中，儘管會出現產品優良與產品沒這麼優良的年度

想要推廣高品質咖啡的魅力，販售方式上的巧思也很重要。照片是「巴西 米納斯吉萊斯州」的3種類咖啡暢飲組，儘管是出自於同一州的咖啡，但隨著產地不同，也能讓人品嚐到咖啡香味在不同精製法及烘焙法下的差異。

（指一定水準以上的變動），但也務必要每年購買，以建立彼此的信賴關係，並主動向生產者反應每年度的產品水準。

我們可藉此提供生產者生產高品質咖啡的穩定環境，而這麼做的結果，也能讓我們取得更高品質的生豆。此外，我們還可委託具有相同理念的生產者與出口商，進行實驗性和創新的嘗試。而在遇到已在進行這種創新嘗試的生產者時，則是要將其視為新的合作夥伴，致力加深彼此間的交流（表3）。

只要像這樣不斷累積合作經驗，就能夠連同生產者一起，將更加寬廣的香味世界與更高品質的香味世界介紹給消費者知曉。此外，這還能讓我們擴展產地網絡，藉由大量取得優質的咖啡豆，讓我們能在烘焙過程中，從更豐富的選項中展現香味，甚至創造出嶄新口味的綜合咖啡。

想要確實傳達咖啡的魅力，也必須具備烘焙師的知識

想帶領客人踏入精緻咖啡的世界，販售時的巧思就顯得格外重要。

特別是在面對面販售時，我們必須要替客人解說該咖啡的香味與生產過程，好讓客人能在飲用咖啡時，去想像這是一款怎麼樣的咖啡。

藉由我們的解說，客人就能在實際品嚐咖啡時，意識到這是一款怎麼樣的咖啡，而細心享受咖啡的韻味。反覆這樣的過程，就能讓客人從知識與香味兩方面體驗到品質的差異，並體會到各產地的香味差異，以及在各烘焙深度下香味所表現的差異等，享受更加廣闊的咖啡香味世界。

想要進行這樣的解說，就必須要理解原料，抱持明確的烘焙目的，並且確實理解該咖啡的香味。

只不過，有些客人就只是單純喜歡這種咖啡，並不需要你進行這類解說，所以切記不要自作聰明。

●●● 直火式烘焙機的法式烘焙 ●●●

堀口珈琲 狛江店

東京都狛江市和泉本町1-1-30
電話／03-54382141
營業時間／9：00～19：00 週日公休

改造內容（20kg烘焙鍋）

1. 瓦斯噴燈數從30根提升到42根

2. 滾筒與瓦斯噴燈的間隔拉開20cm左右

用大火隔空加熱讓烘焙鍋均勻受熱，除了能讓咖啡豆徹底受熱外，同時也能減少花豆的產生。採用不易燒焦的直火式。

3. 特製排氣風扇

除了排氣閥外，還特別安裝高排氣能力的特製變頻風扇，防範深焙時的焦煙。此外，還能進行七階段靈敏的排氣控制，操作性也相當優異。

4. 加大烘焙鍋的整體尺寸

藉此提高烘焙鍋溫度的安定性。

5. 冷卻槽容量加大20cm左右

為製作更多的綜合咖啡所施行的改良。

狛江店是堀口珈琲擔任烘焙業務的烘焙工廠。除了經營咖啡店的批發業務外，還兼做烘焙豆的店面零售與網路商店的營運。此外，店內還附設座位空間，提供顧客享用自製蛋糕與烘焙咖啡。

烘焙機採用FUJIROYAL（富士咖機）的直火式20kg與同款的10kg烘焙鍋等2台（燃料為桶裝瓦斯）機器。直火式能輕鬆展現明確且純淨的酸味，烘焙出強調咖啡豆個性的強力風味。此外，還施行了提高火力和排氣性能的特別改造；這也是此烘焙機的特徵之一（見左表）。

改造的目的，是為了製作堀口珈琲的主力商品——法式烘焙咖啡，以及避免在深焙時產生焦味與煙味。借助游刃有餘的火力性能，就算加大滾筒與瓦斯噴燈間的距離也不會影響熱能，還能調整烘焙鍋受熱的方式。也就是所謂不太會烤焦食材的「大火隔空加熱」的結構。此外，還設置了高排氣能力的風扇，適當地排出深焙時產生的大量濃煙。而排氣速度也能夠微調控制，讓法式烘焙的香味展現廣度也比一般烘焙機來得寬廣而多樣化。

為了販售新鮮咖啡豆，我們會依照訂單與庫存的需求不辭繁瑣地烘焙，每天的烘焙次數約為14～20批次左右。此外，還會根據烘焙深度決定烘焙的順序，每批次的烘焙都會依深焙→淺焙的順序更動。畢竟前後批次的烘焙深度要是差異太過極端，就很容易產生視覺錯亂，導致判斷停止烘焙的時機失誤。

特別規格的直火式20kg烘焙鍋。生豆投入量最少為8kg、最多為16kg。預熱的溫度變化為200℃→140℃→200℃→140℃→200℃（投入生豆）。烘焙鍋的溫度差不多會在烘焙第3批次時產生偏差，因此要經常確認溫度的變化。

可用觸控面板集中管理排氣風扇、瓦斯噴燈與馬達速度，進行精細操作。

風扇速度

1速36Hz　2速38Hz　3速40Hz
4速42Hz　5速44Hz　6速48Hz
7速55Hz

噴燈火力

0%＝0.4kPa	5%＝0.45kPa
10%＝0.65kPa	15%＝0.8kPa
20%＝1kPa	25%＝1.2kPa
30%＝1.35kPa	35%＝1.45kPa

※上限為100％，但使用時只會用到35％

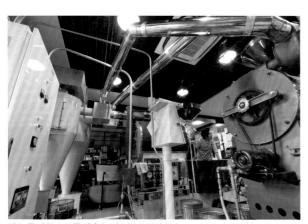

排氣風扇與冷卻風扇會個別安裝在烘焙鍋上，以配合連續烘焙作業。採用水冷系統。為保持排氣乾淨而裝設後燃器。排煙管會連接到大樓頂端（5樓建築），因此排氣效果良好。而為保持排氣通暢，每個月會清潔3次排煙管。

「深焙綜合咖啡」的烘焙

深焙綜合咖啡
這既是法式烘焙的主力綜合咖啡，同時也是能與曼特寧法式烘焙並駕齊驅的招牌商品。堀口珈琲的代表堀口俊英先生，就是因為想製作這種咖啡而開始咖啡事業。

深焙綜合咖啡追求的香味基準

1. 毫無焦味與煙味的純淨口感。
2. 苦味柔和，在飲用後回甘轉甜。
3. 實在的濃郁口感。
4. 藉由勻稱的些許酸味，讓咖啡的甘度與濃郁更加鮮明。
5. 藉由活用各種咖啡豆的個性，又不令它們過於突出的均勻配方，調配出兼具多樣化與層次，同時令人感到舒暢的香味。

主力綜合咖啡的配方與烘焙方式，會根據各咖啡豆的香味變化與庫存量隨時更動。

取樣時的綜合咖啡用豆

①坦尚尼亞 黑晶莊園（Blackburn）
②哥倫比亞 奧斯瓦德（Oswald）莊園
③瓜地馬拉 聖卡塔琳娜（Santa Catarina）莊園

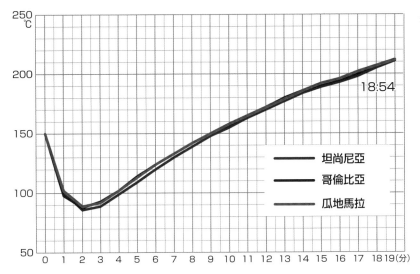

18:54

這是採用20kg烘焙鍋的3種「深焙綜合咖啡」使用豆的烘焙曲線。烘焙時各投入16kg的生豆,烘焙時間將近19分鐘。3種生豆從回溫點溫度到停止烘焙的溫度變動幾乎相同。但在實際烘焙時,還是要根據各咖啡豆的特性與烘焙中的香味變化進行微調(參照次頁)。

圖例:
坦尚尼亞
哥倫比亞
瓜地馬拉

①坦尚尼亞 黑晶莊園

收成:10-11年
產地:阿魯夏州karatu縣近郊的奧爾德亞尼山南斜面
標高:約1760～1950m
品種:波旁(Bourbon)、肯特(Kent)
精製:水洗(在去除果肉時採用低用水量的去皮機,致力降低對環境負擔)
乾燥:利用網架(African Bed)日曬乾燥。
包裝:麻袋 運輸:冷凍貨櫃
保管:恆溫倉庫
抵達日本:2011年2月
評等:AA

咖啡豆的特徵與香味

坦尚尼亞的生豆因為滯留港口或長期航運等諸多原因,在抵達日本時,經常出現狀況不佳的情況,但黑晶莊園會在排定運送行程時事先確保冷凍貨櫃,將生豆的損傷壓制在最低限度,讓生豆保持非常高的鮮度抵達日本。
在中度烘焙到中深度烘焙(City Roast)之間,會有類似葡萄柚般爽口且鮮明的酸味;而在法式烘焙時則是會提升濃厚感,感覺到類似燉煮番茄濃湯的強力甜味。由於豆質堅硬,因此承受得住深焙過程。

②哥倫比亞 奧斯瓦德(Oswald)莊園

收成:10-11年
產地:聖坦德省布卡拉曼加市近郊
標高:平均1650m
品種:阿拉比卡(Arabica)
精製:水洗(在去除果肉時採用低用水量的去皮機,致力降低對環境負擔)
乾燥:利用可動式棚架同時進行日曬乾燥與機械乾燥
包裝:真空包裝袋
運輸:冷凍貨櫃 保管:恆溫倉庫
抵達日本:2011年5月
評等:Excelso

咖啡豆的特徵與香味

哥倫比亞產的阿拉比卡豆,豆質並不會非常堅硬,但依舊會有能承受法式烘焙的稀有哥倫比亞產阿拉比卡豆,而10-11年度的咖啡豆感覺比往年還要容易受熱,需要精細的火力調整。
從10-11年度起,對方改用設有最新型乾式處理法(dry mill)設備的工廠處理咖啡豆,讓篩選的品質更加提升。包裝也採用真空包裝袋,運輸也一如往常地使用冷凍貨櫃,因此進貨時的狀況良好,可期待保持整年的新鮮狀態。
在各種烘焙深度下皆能保有哥倫比亞豆特有的滑嫩質感。而在中度烘焙時,更是會帶有純淨的柑橘系酸味與非常明顯的花香。在中深度烘焙時,儘管酸度受到抑制,但卻能感受到柔順口感,突顯出咖啡的舒適質感。在法式烘焙時,儘管口感濃郁,但卻能更加突顯哥倫比亞豆的滑嫩質感。

③瓜地馬拉 聖卡塔琳娜(Santa Catarina)莊園農園

收成:09-10年
產地:薩卡特佩克斯省安地瓜近郊的阿卡特南哥山東斜面
生產者:聖卡塔琳娜莊園
標高:平均1600～2000m
品種:波旁(Bourbon)
精製:水洗(在去除果肉後,放置發酵層發酵48小時左右。隨後在水槽中清洗)
乾燥:在咖啡豆曬場日曬乾燥
包裝:麻袋 運輸:冷凍貨櫃
保管:恆溫倉庫
抵達日本:2010年4月
評等:SHB

咖啡豆的特徵與香味

這是在安地瓜近郊高地結果的堅硬咖啡豆。在豆質、運輸、保管等方面上皆十分出色,進港後就算經過一年也還能保持高新鮮度。和往年的聖卡塔琳娜咖啡豆相較之下,09-10年度的豆質更加堅硬,濃度也非常強烈。相反地,花香與酸度就感覺有些單調。因此,很難用深焙展現出聖卡塔琳娜咖啡豆的個性。
在香味特徵方面,聖卡塔琳娜咖啡豆具有強烈且純淨的酸味,質地也不顯單調。優質的安地瓜產咖啡豆一般都會帶有花朵的香氣,但宛如花朵般均勻帶有甘度與柑橘香氣的,就只有聖卡塔琳娜的咖啡豆。

①坦尚尼亞 黑晶莊園（Blackburn）

時間(分)	豆溫度(℃)	排氣風扇	瓦斯噴燈	現象	
0:00	150	2 速	35%		
1:00	101				
2:00	86			回溫點(86℃／2:00)	
3:00	89				
4:00	99				
5:00	109				
6:00	120				
7:00	130				
8:00	139				
9:00	148		30%(9:20)		
10:00	155				
11:00	163				
12:00	170				
13:00	177				
14:00	184	5 速(185℃／14:09)	15%(13:35)	第一爆(181℃／13:35)	4
15:00	189	3 速			5
16:00	193	4 速(16:54)			6
17:00	198	5 速	10%(17:40)	第二爆(203℃／17:40)	
18:00	205	7 速(207℃／18:20)	5 %(207 ℃／18:20)→0%(18:30)		
18:54	210			停止烘焙	7

ROAST DATA

烘焙日期：2011年6月16日
生豆：坦尚尼亞　黑晶莊園
烘焙深度：法式烘焙
烘焙機：富士咖機　直火式20kg
　　　　桶裝瓦斯
生豆投入量：16kg
第三批次
室溫26.4℃　溫度55%

取樣時的烘焙表現

取樣時採取比法式烘焙還要更深的深焙，藉由引出如非洲咖啡一般豐厚的厚實濃度與甘度，讓綜合咖啡呈現出一種厚重感（然而，卻也和濃郁的感覺不同）。展現出柑橘系的果香芬芳，讓綜合咖啡帶有多層次口感。

風門全開

用20kg烘焙鍋烘焙16kg咖啡豆時，風門要固定全開。用變頻風扇操控排氣。馬達轉速為6速。

1 在150℃時投入

投入溫度是根據咖啡豆的種類與投入量決定。20kg烘焙鍋的熱能穩定，回溫點也幾乎相同。而當濕氣過重或使用新收成的咖啡豆時，為適當去除咖啡豆的水分，會用大火開始烘焙。取樣時正處梅雨時節，並使用新鮮的堅硬坦尚尼亞豆，因此火力設為35%（1.45kPa）。

2 確認水分蒸發的狀況

在6～7分鐘時拿起取樣匙，根據豆色與香氣確認水分蒸發的狀況。要在滾筒內積蓄水蒸氣，在傳出悶臭時提高排氣速度。

3 火力從35%調整至30%

在水分蒸發到某種程度之後，就將火力調降到30%（1.35kPa）。35%的火力調強，會加快烘焙速度導致花豆出現，讓整體烘焙的不夠漂亮。

4 第一爆

拿起取樣匙，確認豆色、表面質感與皺褶狀況。火力調降到15%。第一爆過後的烘焙速度要稍微減緩。

5 配合咖啡豆反應微調風扇

拿起取樣匙確認咖啡豆狀況，同時將排氣風扇調為5速後，迅速依4→5→7→5→4→3→7→3的順序，每隔數秒就調整一次轉速。
這要配合第一爆冒出的煙與水蒸氣進行調整。在第一爆的高峰時提高排氣量，在快要結束時降低排氣量，根據咖啡豆的反應進行操作。排氣太強會喪失香氣，排氣太弱則會帶有過重的煙味。要不斷拿起取樣匙，適當地進行自然排氣。
當出現太多銀皮時，就要暫時加強排氣排出。

6 第二爆之前

將排氣調高到4～5速，瓦斯噴燈縮減為10%（0.65kPa）。一旦進到深焙階段，溫度就會因咖啡豆本身的熱能迅速提升，所以尾盤要逐步調降火力。

7 停止烘焙

以取樣匙中的豆色為主，觀察咖啡豆的膨脹方式及表面質感等。只不過，一旦進到法式烘焙階段，烘焙就會加速進行，咖啡豆的狀態會在短短數秒間產生改變，因此在你觀察取樣匙的瞬間，滾筒內部的情況就早已出現變化。要記住這個誤差，以求趨近停止烘焙的理想時機。
在停止烘焙之前，要根據冒煙的情況將瓦斯調為0%（0.4kPa）。在第二爆的高峰時停止烘焙。

②哥倫比亞 奧斯瓦德（Oswald）莊園

時間(分)	豆溫度(℃)	排氣風扇	瓦斯噴燈	現象
0:00	150	2速	35%	
1:00	98			
2:00	88			回溫點(88℃／1:50)
3:00	93			
4:00	102			
5:00	114			
6:00	124			
7:00	133			
8:00	142			
9:00	150			
10:00	157		30%(161℃／10:20)	
11:00	165	4速(11:25)→5	15%(11:25)	
12:00	172			
13:00	180		15%(13:35)	第一爆(182℃／13:30)
14:00	186	7→5→6→5速(14:20)		
15:00	191			
16:00	195			
17:00	200		5%(203℃／17:28)	第二爆(205℃)
18:00	207			
18:52	211	7速(210℃／18:38)		停止烘焙

ROAST DATA

烘焙日期：2011年6月16日
生豆：哥倫比亞　奧斯瓦德莊園
烘焙深度：法式烘焙
烘焙機：富士咖機　直火式20kg
　　　　桶裝瓦斯
生豆投入量：16kg
第四批次
室溫26.4℃　溫度55%

取樣時的烘焙表現

確實展現出咖啡的柔和感、滑順感，以及綜合咖啡最重要的濃度。以抑制豆生味與香味的方式進行烘焙。

1
新收成的咖啡豆水分含量是最高的，因此初期火力要設在35%以去除水分。

2
水分蒸發到某種程度之後，火力調降為30%。

3
在第一爆的高峰期，頻繁地上下調整排氣風扇。根據咖啡豆的變化，適當地排放煙氣與水蒸氣。

4
與「坦尚尼亞豆」時不同，瓦斯噴燈要維持在5%下結束烘焙。烘焙進行的速度緩慢，要根據咖啡豆冒煙的情況與色澤來做出判斷。

③瓜地馬拉 聖卡塔琳娜莊園農園

時間(分)	豆溫度(℃)	排氣風扇	瓦斯噴燈	現象
0:00	150	2速	30%	
1:00	102			
2:00	89			回溫點(89℃／2:05)
3:00	92			
4:00	102			
5:00	113			
6:00	124			
7:00	133			
8:00	142			
9:00	150			
10:00	158			
11:00	165			
12:00	172			
13:00	179	4(13:35)→5→7→5速	15%(183℃／13:30)	第一爆(182℃／13:20)
14:00	186			
15:00	192			
16:00	196		10%(199℃／16:40)	
17:00	202		5%(203℃)	第二爆(205℃)
18:00	207			
18:53	212	7速(211℃)		停止烘焙

ROAST DATA

烘焙日期：2011年6月16日
生豆：瓜地馬拉 聖卡塔琳娜莊園
烘焙深度：法式烘焙
烘焙機：富士咖機　直火式20kg
　　　　桶裝瓦斯
生豆投入量：16kg
第五批次
室溫26.4℃　溫度55%

取樣時的烘焙表現

具有聖卡塔琳娜豆特有的華麗感、雅致感，以及藉由烘焙深度展現的巧克力感與透明感，並留下些許酸味，明確描繪出綜合咖啡的輪廓。

這是09-10年度收成的咖啡豆，外加烘焙鍋已經烘焙多次，因此初期火力是設定在30%。
之後的主要操作和哥倫比亞豆相同。

「印尼 LCF曼特寧」的法式烘焙

印尼 LCF曼特寧

產地：北蘇門答臘省林東地區（Lintong Nihuta）
生產者：林東地區的40戶指定農家
標高：約1400m
品種：原有品種
精製、乾燥：蘇門答臘式（與一般精製法有著些許不同的特別方式）
包裝：竹籠
運輸：乾貨櫃
保管：定溫倉庫
抵達日本：2011年3月
評等：G1

精製法

在收成當天去皮後進行水洗，並在氣溫較低的傍晚到早晨這段期間，運送到設備完善的出口商處理廠。花半天到一天左右乾燥帶殼咖啡豆，隨後去殼，讓半乾的咖啡豆更加乾燥。
至於篩選的部分，會基於到目前為止所建立的信賴關係，提出只要成品完善就不論處理手法的訂單，因此生產者方面每年都會摸索新的方式，致力讓成品更加完善。

咖啡豆的特徵

LCF曼特寧是指定農家從樹齡70年以上的原生種古樹上所採收的咖啡豆，香味與一般的G1咖啡有著根本上的不同。能感受到有如芒果般的熱帶水果香氣與香草的芬芳，濃郁（full-bodied）且宛如天鵝絨般的口感獨具一格。特別是在法式烘焙下的香味與質感，更是其他曼特寧所難得一見，徹底掌握到曼特寧香味的本質。基於這一點，LCF曼特寧通常是做成法式烘焙。只不過，要製作容易受熱又沒有焦味的法式烘焙，可是件相當困難的事。

香味的變化

LCF曼特寧在整年當中的香味會隨著時間逐漸變化，展現出各種優質風貌，要是沒有根據當時狀態調整烘焙印象，就很

有可能平白糟蹋掉LCF曼特寧的美味。

剛進港的LCF曼特寧是越深焙就越容易苦澀，所以就連法式烘焙也要微妙地淺焙完成。只不過，這樣也會難以展現咖啡的濃度感，要是太過淺焙，咖啡就會缺乏口感。因此要根據苦味，在不妨礙咖啡豆原本個性的程度下調整烘焙深度。不過，這也不全然只有壞處，由於能夠強烈感受到李子般的果酸與清新的香草芬芳，只要均衡整體的香味，就能夠享受青澀的曼特寧風味。此時要是太過強調咖啡的整體香味，就會導致酸度與濃度失衡，因此烘焙時要格外注意。

在恆溫倉庫經過3個月後，那份清新感就會稍微帶有牛奶糖的甘甜與杏仁甜酒般的芳醇風味（flavor），濃度也會更加確實。因此，也要更加加強烘焙深度。

等經過半年左右，咖啡的果實風味與濃厚感會同時增加，更加強調濃度中香草與香料的微妙滋味。此外，還會醞釀出森林落葉與皮革般的多樣香味。

一旦到了咖啡豆的新舊銜接期，濃度就會稍微減弱，但卻能充分承受法式烘焙的深度。香草等植物系的風味（flavor）會趨於溫和，然而牛奶糖般的甘甜與甜露酒般的感覺也會更加明顯。

法式烘焙最能展現出咖啡豆的滑順濃厚感。只不過，深焙時一旦判斷失誤，咖啡就很容易喪失香味，因此最重要的就是要確保均衡。因為目標烘焙深度的可接受誤差範圍比其他咖啡豆小，因此要頻繁拿起取樣匙觀看咖啡豆的狀態。

取樣時烘焙的生豆投入量為8kg，比「深焙綜合咖啡」時還要少量，因此投入時的排氣風扇轉速要降到1速，排氣閥要設定在正中央的（5）。而在烘焙的過程中，要是在烘焙前期提高排氣風扇的轉速，排氣就會顯得太強，因此主要是操控排氣閥調節排氣。

印尼 LCF曼特寧

時間(分)	豆溫度(℃)	排氣風扇	排氣閥	瓦斯噴燈	現象	
0:00	150	1速	5	0%→15%(0:35)		
1:00	110					
2:00	100				回溫點(100℃／2:00)	
3:00	107					
4:00	117					
5:00	131					
6:00	142		4.5	10%(142℃／6:00)		
7:00	153		4(7:30)			
8:00	163					
9:00	173				第一爆(180℃)	
10:00	182		6	0%		
11:00	189					
12:00	195		6.5(12:10)			❷
13:00	202	2 速(13:05)→3速(13:37)	10(全開13:05)		第二爆(206℃)	
14:00	210	4→5→7速				
14:30	211				停止烘焙	❸

※排氣閥1是關閉，10是全開

❶
LCF曼特寧的豆質柔軟卻富含大量水分，因此投豆時要轉大火、開排氣閥。接著，為避免火勢太過偏頗，要調降火力並關閉排氣閥。7分鐘後，將火力調降為0%（0.4kPa）。

❷
排氣閥全開。由於豆質柔軟、投入量也少，因此第一爆到第二爆之間的升溫速度也會很快。

❸
在停止烘焙前將排氣風扇調為7速，徹底排放煙氣。在第二爆的高峰期倒出咖啡豆。由於烘焙量少，因此從第二爆開始到高峰期的時間也很快。

ROAST DATA

烘焙日期：2011年6月16日
生豆：印尼
　　　LCF曼特寧
烘焙深度：法式烘焙
烘焙機：富士咖機
　　　　直火式20kg
生豆投入量：8kg
第九批次
室溫26.4℃　溫度55%

取樣時的烘焙表現

- 控制咖啡的香氣，充分引出濃厚感、果實風味感，以及香草與香料的微妙滋味。
- 水分感覺比其他的咖啡豆高，因此在第一爆之前適當地蒸發水分。
- 烘焙深度要是稍微淺一點，就會感到酸度增強、滑順感也會減弱；相反地，要是稍微深一點，香氣與苦味就會太重，讓咖啡喪失個性。由於烘焙深度的可接受誤差範圍小，因此仔細辨別停止烘焙的時機。

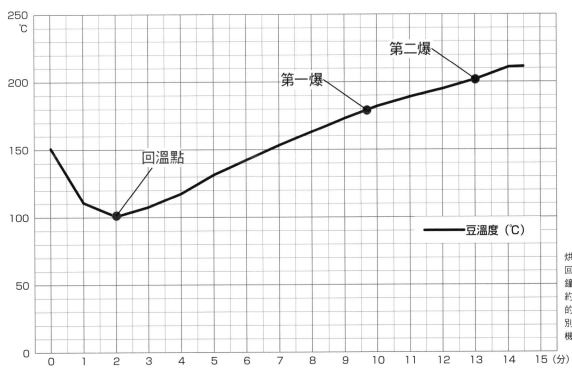

烘焙時間為14分30秒、回溫溫度為100℃。3分鐘～9分鐘的溫度上升率約為每分鐘11℃。尾盤的升溫速度平緩，要判別出精準的停止烘焙時機。

半熱風式烘焙機的中深度烘焙

堀口珈琲 上原店

東京都渋谷区上原3-1-2
電話／03-6804-9925
營業時間／10：00～19：00　週日公休

5kg烘焙鍋（右側照片）的瓦斯火力為0.3～2.1kPa（天然氣）。烘焙前的預熱會提升到豆溫度200℃，然後就這樣降溫到投入溫度並開始第一爆。顧及到當時的氣溫變化，有時會稍微開一下暖氣。

會以豆溫度進行溫度測量。設有一個排氣風扇，藉由操作拉桿切換滾筒的排氣與冷卻。

　　上原店除了負責生豆的調度與管理作業外，還會開設由堀口珈琲主辦的部分講習會。烘焙機設有半熱風式的5kg機種（FUJIROYAL R-105），與1kg直火式的樣品烘培機，從世界各地取得的樣品豆會在本店進行烘焙與杯測作業。

　　相對於狛江店展現堀口珈琲原本香味的直火式烘焙機，本店則能夠進行唯有半熱風式才能辦到的柔和烘焙，享受有別於狛江店的美味。烘焙好的咖啡豆會在店面零售。排氣設備採用無煙過濾器，因此店內沒有設立煙囪。

「上原綜合咖啡」的烘焙

上原綜合咖啡
上原店的中深度烘焙是該店的主力綜合咖啡。表現均勻、容易入口、滑順的口感與韻味，以及整體散發出來的典雅香味是其特徵。活用半熱風式的特徵，展現出勝過刺激性口感的柔和韻味。是種能天天飲用的綜合咖啡。

上原綜合咖啡追求的香味基準

1. 抑制花香，展現純粹的柑橘風味（flavor）。
2. 味道不會太重＝濃厚感不會太過強烈。
3. 酸度以柑橘酸為主，但過於單調且過強的酸味就不行。儘管展現出清爽純淨的香味，最後也依舊能感受到柔和的酸味。
4. 要帶有柔和圓潤的韻味，而並非是刺激性的爽口感。
5. 雖然需要有甘甜味，但要避免過強的濃郁口感。

取樣時的綜合咖啡用豆

①瓜地馬拉　聖卡塔琳娜莊園
②哥倫比亞 TAMA MOUNTAIN莊園
③馬拉威 Makeye村
④巴拿馬 山脈莊園Reserve（Kotowa Estate Reserve）

取樣時的烘焙是以聖卡塔琳娜豆為主。基本上是以中美洲的咖啡為中心，根據香味變化頻繁地變更配方。使用各種咖啡豆調配綜合咖啡，可以提升自己處理原料的能力，同時還能導入各式各樣的原料使用，純咖啡的販售種類也能更加豐富。

---

②哥倫比亞 TAMA MOUNTAIN莊園

收成：10-11年
產地：北桑坦德省托利多村
生產者：托利多村的農家
標高：約1600m
品種：阿拉比卡（Arabica）、卡杜（Caturra）
精製：水洗（除掉果肉後，在發酵槽讓果膠發酵分解，然後水洗。不用水槽，水洗作業是在發酵槽中進行「注水→洗淨→排水」的程序數次。洗淨時會使用刷子或攪拌槳等工具）
乾燥：在庭院或附有塑膠蓋的乾燥棚架上日曬乾燥
包裝：麻袋　運輸：冷凍貨櫃
保管：恆溫倉庫
抵達日本：2011年3月　評等：Supremo

咖啡豆的特徵與香味

哥倫比亞的阿拉比卡豆的豆質本就柔軟，烘焙時的極限大多只能中深度烘焙，但卻能在中度烘焙到不過深的法式烘焙之間的多個重點上發揮個性。兼具蘋果般溫和的酸味與柑橘的純淨酸味。根據烘焙方式，或多或少會帶有草腥味。在中深度烘焙以後的烘焙深度中，能夠得到柔和的質感與巧克力般的濃厚感。

---

③馬拉威 Makeye村

收成：10-11年
產地：Misuku Hills地區的Makeye村
生產者：Misuku農協所屬的農家
標高：約1700～2000m
品種：瑰夏（Geisha）
精製：水洗（除掉果肉後，在發酵槽發酵3～4天，隨後在水槽中進行水洗。接著再浸泡24小時）
乾燥：在棚架上日曬乾燥
包裝：麻袋　運輸：乾貨櫃
保管：恆溫倉庫
抵達日本：2011年5月　評等：AA

咖啡豆的特徵與香味

10-11年度的馬拉威豆比往年更加出色，不僅有坦尚尼亞南部共通的單純酸味，還能微微感受到中美洲咖啡那夾帶甜味的華麗風味（flavor）。就算讓第二爆徹底爆完，味道也不會因此失衡。推測應該能烘焙到法式烘焙的入口階段。此外，根據烘焙的方式，還能得到非洲咖啡（坦尚尼亞或肯亞）特有的濃郁質感（酸度、濃度）。

---

④巴拿馬 山脈莊園Reserve

收成：10-11年
產地：奇里基省博克特　帕羅奧圖地區
標高：約1300～1450m（Reserve是在這最上層採收的咖啡）
品種：阿拉比卡（Arabica）、卡杜拉（Caturra）
精製：水洗（除掉果肉後，用機械去除九成的果膠。隨後在發酵槽發酵12小時。在水槽中進行水洗）
乾燥：在庭院日曬乾燥。天候不佳時會同時使用乾燥機。
包裝：麻袋　運輸：冷凍貨櫃
保管：恆溫倉庫
抵達日本：2011年4月　評等：SHB

咖啡豆的特徵與香味

巴拿馬咖啡的香味劃分為數種系統，易於展現咖啡的甘甜與巧克力般的質感。這種咖啡雖然容易形成濃厚香味，但也會帶有適度的濃厚感與中美洲咖啡的清澈感，因此口感十分均勻。儘管中深度左右的烘焙被視為是此款咖啡豆最適合的烘焙深度，但是否能展現出咖啡香氣，香味的印象也會產生劇烈變化。是以甜味為精髓的咖啡。

※①瓜地馬拉 聖卡塔琳娜（Santa Catarina）莊園的咖啡豆特徵請參照P13頁。

①瓜地馬拉　聖卡塔琳娜莊園

時間(分)	豆溫度(℃)	瓦斯壓力(kPa)	排氣閥(1～10)	現象	
0:00	160	0	10		**1**
1:00	115				
2:00	102	1(2:00)	4(2:00)	回溫點(100℃／2:30)	**2**
3:00	104				
4:00	114				
5:00	123				**3**
6:00	133				
7:00	143				**4**
8:00	152				
9:00	161				
10:00	170		5(173℃／10:10)		**5**
11:00	178	0.8(11:00)		第一爆(180℃)	
12:00	187		4.5(12:00)		
13:00	192				
14:00	200		5(202℃／14:10)→6	第二爆(202℃)	**7**
14:30	204	0(14:25)	10(14:25)	停止烘焙	**8**

※排氣閥1是關閉，10是全開

ROAST DATA

烘焙日期：2011年6月24日
生豆：瓜地馬拉　聖卡塔琳娜莊園
烘焙深度：中深度烘焙
烘焙機：富士咖機R-105
　　　　半熱風式5kg　天然氣
生豆投入量：2kg
第三批次
晴天

取樣時的烘焙表現

確實展現出咖啡豆的華麗風味（flavor）。淡淡地展現著純粹酸味，同時抑制口感的強度，消除飲用時會不順口的部分。排除產生香氣的要素，讓韻味盡可能地純淨，將濃度控制在適當的程度。取樣時使用10-11年度的新收成咖啡豆，豆質感覺比往年稍微柔軟，濃度也比較清淡，故在烘焙時也將這點列入考量。

1　投入

將排氣閥全開，不過此時還沒有要點火。上原店的烘焙機未設有獨立的冷卻風扇，無法在烘焙後冷卻烘焙鍋，所以烘焙鍋的溫度難以降低，得花上一段時間才能降到投入溫度。只不過，倘若要等待溫度下降就得要多花時間，因此我們會在溫度降到一定程度時投入生豆，等待一段時間，直到咖啡豆受餘溫加熱之後，再點火進行加熱。

2　在回溫點左右的溫度點火

2分鐘後點火，並將排氣閥開到4。此階段要用開到4的排氣閥進行適當排氣。要是判斷生豆的水分含量過多，就要加強火力並開啟排氣閥；而在豆質堅硬的情況下，熱能也蓄積得快，因此要關閉排氣閥或是加強火力。最初要將排氣閥開到4，等稍微經過一段時間後再視情況調節到3。

3　確認排氣

隨著溫度上升，排氣也會逐漸感到鬱塞，此時要特地關閉排氣閥，在內部逐漸囤積熱風。排氣狀況就在打開生豆投入口或是從中拿出取樣匙時，藉由內部吹出的熱風確認。當熱風中帶有些許香味、或是在想要調整酸味質感時，就慢慢地開啟排氣閥。至於火力方面，當想要調節整體的烘焙時間──特別是形成酸味的烘焙前半段的時間時，就會在此階段調整火勢。此時，半熱風式烘焙機的操作傳達到烘焙鍋上的時間，感覺會比直火式來得遲緩，因此需要提早調整。

4　以第7分鐘的溫度為基準

第7～8分鐘的溫度是烘焙進展到何種程度的概略基準。內部蓄積熱能，並開始出現銀皮，咖啡豆也開始染上黃色。要持續檢查排氣狀況。

5

將排氣閥開到5。水洗的咖啡豆基本上很少出現銀皮，但這次量稍微多了一點，因此就跳過這個步驟。

6　第一爆

在第一爆前將瓦斯調到0.8。取出取樣匙確認酸度強弱與香味的豐富度等。由於我們想要抑制綜合咖啡的酸度，因此當酸味過重時，就會稍微開放排氣閥或是控制火力，藉由延長烘焙後半的時間來緩和咖啡的酸度。

7　第二爆前

將排氣閥從4.5開到5，然後再提升到6。稍微開放排氣閥以減少芬芳香氣，藉此醞釀出柔和純淨的韻味。

8　停止烘焙

用取樣匙確認咖啡豆的色澤與質感。在停止烘焙前將排氣閥全開，切斷瓦斯並拉下冷卻桿。減緩烘焙的進行速度，在預想的烘焙深度倒出咖啡豆。這次是在第二爆開始後沒多久後停止烘焙。

②哥倫比亞 TAMA MOUNTAIN莊園

時間(分)	豆溫度(℃)	瓦斯壓力(kPa)	排氣閥(1～10)	現象
0:00	160	0	10	
1:00	115	1(1:55)	4(1:55)	
2:00	101			回溫點(101℃／2:00)
3:00	104			
4:00	113			
5:00	122			
6:00	132		3(6:00)	
7:00	141			
8:00	150			
9:00	159		4(9:00)	
10:00	167			
11:00	174	0.8(180℃／11:42)		第一爆(180℃)
12:00	183			
13:00	190			
14:00	196			
14:50	204	0(202℃／14:46)	10(202℃／14:46)	停止烘焙

ROAST DATA

烘焙日期：2011年6月24日
生豆：哥倫比亞　TAMA MOUNTAIN
　　　莊園
烘焙深度：中深度烘焙
烘焙機：富士咖機R-105
　　　半熱風式5kg　天然氣
生豆投入量：2kg
第四批次
晴天

取樣時的烘焙表現

著重於柔和質感。要避免過重的濃厚感，也就是避免成品的口感太過強烈。此外，牧草香味雖然是此款咖啡豆的特徵之一，但要是口感太強，有過重的牧草味就會在調配綜合咖啡時突顯出來，因此要格外注意。酸度的質感與量，關係到綜合咖啡的完成度，因此要始終維持著溫潤柔和的質感。

第一爆前的蓄熱方式關係到咖啡形成的酸味與香氣，但隨著這裡的操作方式不同，烘焙的進展情況也會跟著改變。舉例來說，一旦像❷這樣把排氣閥開到3，完成第一爆的時間就會與開到4時，相差了30秒左右。第一爆後的煙氣與豆香的散發方式也會隨之改變，所以接下來的操作步驟與烘焙的整體時間，就會完全不一樣。

❶ 從投入到點火的過程就依照基本操作，溫度變化與烘焙瓜地馬拉豆的時候一樣。之後再確認排氣平衡與溫度變化。

❷ 將排氣閥縮減到3，讓熱能蓄積在內部。此舉是為了做出純粹的酸味。想要做出更加明確的酸味時，就需要稍稍調高瓦斯壓力。

❸ 為避免悶太久而讓味道苦澀，要在烘焙進行到某種程度時將排氣閥調回4。在第一爆開始時將火力轉為0.8。這是為了減緩第一爆後的烘焙速度，好做出柔和的口感。要配合烘焙到第一爆為止的時間與排氣設定，調整第一爆後的時間與溫度進展。本次烘焙要將轉緊排氣閥，確實做出酸味稍微被破壞掉的風味。

③馬拉威　Makeye村

時間(分)	豆溫度(℃)	瓦斯壓力(kPa)	排氣閥(1～10)	現象
0:00	159	0	10	
1:00	112	1(1:30)	4(1:30)	
2:00	97	1.1(2:20)	3(2:20)	回溫點(97℃／2:00)
3:00	100			
4:00	109			
5:00	120			
6:00	131			
7:00	140			
8:00	150			
9:00	158			
10:00	168		4(10:40)	
11:00	176	0.9(11:00)	10→4(11:30)	第一爆(176℃)
12:00	185	0.8(12:00)		
13:00	190	0.9(13:00)		
14:00	197	0(14:22)	5(14:22)	第二爆(200℃)
14:31	202			停止烘焙

ROAST DATA

烘焙日期：2011年6月24日
生豆：馬拉威　Makeye村
烘焙深度：中深度烘焙
烘焙機：富士咖機R-105
　　　半熱風式5kg　天然氣
生豆投入量：2kg
第六批次
晴天

取樣時的烘焙表現

10-11年度收成的咖啡豆會帶有些許華麗風味（flavor），但綜合咖啡用豆在烘焙時不需要過於複雜的酸味。要明確展現出單純的柑橘酸，強調非洲咖啡的強烈質感與濃度。要去想像瓜地馬拉與哥倫比亞咖啡的質感與均衡性。

❶ 想要讓酸味在某種程度上鮮明展現，因此將排氣閥調降到3，瓦斯壓力提升到1.1kPa，稍微加快升溫速度。但為盡量避免出現咖啡豆的穀物味與香氣，同時也要考慮到排氣與火力。

❷ 氣體蓄積過多，所以開啟排氣閥排氣。

❸ 在第一爆過程中全開排氣閥數秒，然後立刻調降到4。排放內部的煙氣與銀皮。排放時的力道強勁，然而為了避免咖啡苦澀，所以逐漸地調降火力。

❹ 在確認香氣時，由於酸味比想像中的少，讓香氣太過偏向華麗風味，所以將瓦斯壓力提高到0.9，以縮短預想好的烘焙時間。

時間(分)	豆溫度(℃)	瓦斯壓力(kPa)	排氣閥(1～10)	現象
0:00	155	0	10	
1:00	122	1.0(1:50)	4(1:50)	
2:00	99			回溫點(99℃／2:00)
3:00	102		3(3:50)	
4:00	111			
5:00	121	1.1(5:20)		
6:00	131			
7:00	141	1.0(7:20)		
8:00	150			
9:00	158			
10:00	167			
11:00	174	0.8(11:25)	4(11:00)	第一爆(178℃／11:25)
12:00	183			
13:00	190		4.5(13:30)	
14:00	196	0(14:49)	10(14:49)	第二爆(201℃／14:20)
14:51	204			停止烘焙

ROAST DATA

烘焙日期：2011年6月24日
生豆：巴拿馬　山脈莊園Reserve
烘焙深度：中深度烘焙
烘焙機：富士咖機R-105
　　　　半熱風式5kg　天然氣
生豆投入量：2kg
第八批次
晴天

取樣時的烘焙表現

注重中美洲咖啡的純淨韻味，以及同時存在的巧克力般濃厚感與甘味。若是能展現出來是不錯，但為避免形成厚重香味，必須要精密調節第一爆到烘焙後半的排氣與火力。

1

依照目標，本來是預定要讓這款咖啡豆帶有更強烈的質感，但根據烘焙馬拉威咖啡時的感想，這次還是決定不要做太強的烘焙。在修正方向性後進行烘焙。與烘焙馬拉威咖啡時相比，會延遲將排氣閥調到3的時機，縮短把火力提升到1.1的時間長度。

2

為不損該莊園產豆的特有甜味並形成適當濃度，會在第一爆後調整排氣閥。注意不讓氣體排放太多，也不讓氣體囤積過量。與其他3種咖啡豆相比，此款咖啡豆較容易因為排氣調整而加重味道，因此在停止烘焙之前要特別留意。

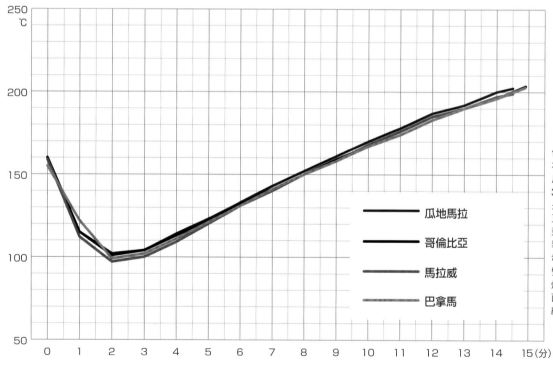

瓜地馬拉
哥倫比亞
馬拉威
巴拿馬

停止烘焙的溫度在204℃左右，而在烘焙時間方面，瓜地馬拉與馬拉威是14分30秒；哥倫比亞與巴拿馬是將近15分鐘。各款咖啡豆會基於本身特性，各自追求不同的香味與質感，導致各款咖啡豆在水分蒸發階段的溫度、烘焙所花費的時間、第一爆到停止烘焙的時間與溫度進展方面上不盡相同，讓烘焙曲線出現微妙的差異。

「肯亞 Rianjagi Factory」的中深度烘焙

肯亞 Rianjagi Factory

（Factory＝初級處理廠）

收成：10-11年
產地：東部省恩布縣
生產者：Rianjagi農協的所屬農家
標高：約1700m
品種：SL28、SL34
精製：水洗
　　　在投入果肉去除機之前，先針對成熟度進行人工篩選。除掉果肉後，就在果肉去除機內部進行「第一次」比重篩選。讓果膠在發酵槽中分解完畢後，就在水槽內部進行水洗，同時進行「第二次」比重篩選。比重較重的帶殼咖啡豆就浸泡在浸漬槽（Soaking Tank）中。
乾燥：在附有遮棚的乾燥桌上預乾（表皮乾燥）數小時，然後再放到其他乾燥桌上日曬乾燥。
包裝：麻袋　運輸：冷凍貨櫃
保管：恆溫倉庫
抵達日本：2011年4月
評等：AA

咖啡豆的特徵與香味

高品質的肯亞產咖啡會散發一種極具特徵的香味，而Rianjagi Factory咖啡更是帶有可稱為當中極品的優質香味。這種高品質的恩布咖啡其特徵是通常會具備濃郁持久的餘韻，再加上高水準的香氣、酸質與濃度，讓它同時擁有近乎完美的香味。酸味實屬上乘，混合了柑橘或漿果般的清新感與熟成果實的滋味，醞釀出多樣的感受。濃度強烈滑順，伴隨著悠長的舒適餘韻，香氣撲鼻，久久不散。

在淺焙時，會全面性地浮現如鳳梨與百香果般鮮嫩多汁的酸甜舌感。而在中深度烘焙時，則還會湧現熟成水果的滋味，構成更加多樣化的酸味。再加上濃度與甘度也會更加明顯，讓宛如杏桃果醬的甘甜殘留舌根。一旦繼續深焙，就會出現宛如黑莓、熟成水果與波爾多葡萄酒般的複雜香味，讓人更加感受那份強烈的濃郁感。

取樣時的烘焙表現

從中度烘焙到法式烘焙，不論哪種烘焙深度都能泡出美味咖啡，但這次是採用能展現出咖啡豆的豐富香味，享受咖啡質感的中深度烘焙。要將淺焙時容易湧現的清新感盡可能保留到中深度烘焙之中，並展現濃厚的果實風味與濃度感，用心讓咖啡帶有多樣且厚實的香味。

時間(分)	豆溫度(℃)	瓦斯壓力(kPa)	排氣閥(1～10)	現象	
0:00	160	0	10(全開)		
1:00	112	1.0(102℃／1:45)	4→3(102℃／1:45)	回溫點(101℃／1:50)	
2:00	101				
3:00	104	1.1(3:00)			
4:00	113				❶
5:00	123				
6:00	134				
7:00	145	1.0(7:00)			
8:00	155				
9:00	164				
10:00	172	0.8(10:40)	4(10:00)	第一爆(177℃／10:30)	❷
11:00	181		10→4.5(11:20)		❸
12:00	188				
13:00	195		5(200℃／13:50)		
14:00	201	0(14:10)	10(14:10)	第二爆(201℃)	
14:20	204			停止烘焙	

ROAST DATA

烘焙日期：2011年6月24日
生豆：肯亞 Rianjagi Factory
烘焙深度：中深度烘焙
烘焙機：富士咖機R-105
　　　　半熱風式5kg　天然氣
生豆投入量：2kg
第七批次
晴天

❶ 由於高地產咖啡豆的堅硬豆質，排氣閥要微微關閉，根據溫度進展調節火力。取出取樣匙確認狀況，目標是讓飽滿的咖啡豆內部帶有鮮明酸味。

❷ 當第一爆開始時，咖啡豆就會散發出宛如紫羅蘭般的鮮明香氣。這份香氣會隨時間逐漸淡化，若想要盡量留下這份香氣，就不能在後半段花費太多時間。只不過，要是太過躁進，就很容易削弱酸度的變化度，浮現單調的酸味與苦味，因此要抑制火力，逐步排放氣體。

❸ 感覺到煙氣囤積，所以在數秒內全開排氣閥排煙。藉由控制排氣留下肯亞咖啡特有的優質甘度與餘韻。咖啡豆有在前半段充分受熱，所以烘焙進行的速度很快。

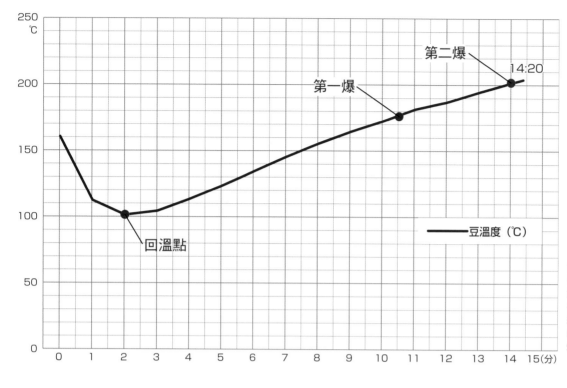

第二爆

14:20

第一爆

回溫點

━━━ 豆溫度（℃）

肯亞咖啡的烘焙曲線。在第一爆前，平均每分鐘會提升10～11℃，但在第一爆後就開始減緩。要在確實製作酸度的同時，用心活用第一爆後浮現的豐富花香。

● ● ● 烘焙中的確認重點 ● ● ●

就如同以上所述，堀口珈琲在進行烘焙時，會根據咖啡豆的特性，將如何展現出目標香味這點做為最優先考量。因此，會在烘焙過程的各個階段中，著重於以下這幾項操作要點。

投豆後
· 回溫溫度（回溫點）
· 初期火力的情況？
· 排氣是否有保持適當平衡？

▶

第一爆之前
· 根據原料調整蒸發水分與去除其他成分的難易度。
· 在把握烘焙的整體時間下，調整火力控制前半段所花費的時間。

▶

第一爆前後
· 根據咖啡豆的香氣、爆法和形狀變化來確認情況，調整排氣平衡。
· 看準之後的進展調節火力。

▶

第一爆之後
· 根據豆香的變化、進展速度、形狀變化和發煙的情況，調節排氣平衡與火力。

完成烘焙
· 在散發出理想香味的適當烘焙深度上，確實完成烘焙。

烘焙的細微調整
烘焙修正的原則，是要根據香味變化的方式進行修正。要每天進行測試，留意香味的細微變化。此外，當烘焙過程中出現變動時，就一定要去檢查香味。而當香味出現變化時，就要採取修正。如果是綜合咖啡，就要調整烘焙過程、或是變更配方；要是單品咖啡的話，就要檢查是否有烘焙失誤、還是生豆隨時間變化所產生的影響。

排氣控制除了火力之外，還會根據咖啡豆的特性與當時的烘焙方式而有變化。究竟怎樣的狀態才算是適當排氣，就此點而言，儘管會隨著原料和目標香味的不同而出現差異，但我們可藉由確認取出樣品匙時的熱風、排煙的方式、香氣與咖啡豆的狀態來進行判斷。

自家烘焙咖啡＆咖啡豆專賣店

人氣咖啡店
的烘焙技術與想法

丸山珈琲

長野・小諸市

能依咖啡豆的香氣變化烘焙
並磨練傳達精緻咖啡
味道的「傳達力」。
重視理論與經驗地
培育烘焙師。

做為烘焙工場的「丸山珈琲 小諸店」，是由汽車經銷商店加以改裝而成的大型店鋪。在入口處的販售空間，可以透過玻璃清楚看到店員烘豆的情況。

老闆丸山健太郎先生。雖然現在是以買家與咖啡品評師的身分，遊走於世界各地的咖啡產地，但過去也經常徹夜埋首於咖啡豆烘焙之中。「烘咖啡豆果真是件快樂的事。我從二十多歲就一直烘焙到現在，身體已經牢牢記住那份感覺了。」

2011年，「丸山珈琲」已邁入創業20週年。將其歷史大致加以回顧的話，最初的10年，可說是老闆丸山健太郎先生擔任自家烘焙店的店長，埋首於「烘焙究竟要怎麼烘才會好喝」的時期。至於後半的10年，則是公司在建立從採購精緻咖啡到烘焙、販售為止的一貫風格的過程中，追求該如何引出精緻咖啡的魅力，並將其傳達給顧客知曉的時期。

最初的10年，舉例來說大概就是這樣的感覺，以前的哥倫比亞咖啡，要是用普通的方式烘焙就會出現澀味。因此丸山先生就會多花點時間耐心烘焙，或是進行去除澀味的調整。而他當時認為咖啡會出現不好的酸味，是因為咖啡豆沒有熟透的關係，所以為了去除酸味，甚至採取過徹底烘熟咖啡豆的烘焙方式。

這樣持續追求「自己的烘焙」的丸山先生，就在反覆嘗試與應證對咖啡的看法過程中，深深體會到原料遠比烘焙方式來得重要這件事。他切身感受自己應該要更加了解原料與產地，並基於出國體驗精緻咖啡的經驗，讓他對烘焙研究的方向也有了極大轉變。

舉例來講，他在美國喝到的Cup of Excellence（COE）咖啡豆，就算深焙也不會焦，酸味也是純淨爽口的味道。他在親自嘗試烘焙過這種咖啡豆後，就發現烘焙中的咖啡豆變化，與他過去經歷過的完全不同。

同時，他在合夥採購生豆的社團——「咖啡的味方塾」中，與社團夥伴一同得標的瓜地馬拉COE咖啡豆，則是不論怎麼深焙都會殘留一股優質酸味。就在他體驗這些與過去經歷完全不同風貌的咖啡過程中，他的烘焙手法，也開始考慮到該怎麼烘才能夠活用優質原料的原本風味了。

在投入生豆後，
逐一觀察咖啡豆的香氣變化

烘焙機在最初那7年是用3kg烘焙鍋，接著買了10kg烘焙鍋替換，然後在第12年引進Probat的12kg烘焙鍋。丸山珈琲在引進Probat烘焙機時，就已經在經手精緻咖啡了，因此烘焙時間也比以前稍微縮減，改變為活用各款咖啡豆的酸味與香氣的烘焙方式。然而，伴隨著生豆採購量的增加，烘焙量也達到所能增加的極限。烘焙鍋在接連烘焙作業下會變得過於滾燙，導致後半段無法採取相同的烘焙方式。濕氣過重的夏天有時還會無法順利升溫，導致咖啡的味道加重。

就在這時候，隨著2009年小諸店的開幕，丸山珈琲同時引進了美國製的全自動烘焙機。選用的理由，是因為完全熱風式的溫度可動幅度大，能夠自由規劃烘焙溫度這點。想要提高溫度時就升溫，就算想降低溫度也沒有問題，因此能夠在烘焙完30kg的咖啡豆量後進行少量烘焙。也就是說，就算這是一台35kg容量的超大型烘焙機，但也能用來烘焙1kg的咖啡豆。

在烘焙30kg生豆時，豆溫度會在投入後快速下降到60℃左右。接著就要加足火力，以每分鐘10℃以上的溫度升溫，在10～12分鐘內迎接第一爆。烘焙時間以15～16分鐘為一個大致的過程。

然而，儘管有意識到一個基本設定，但在實際烘焙時，也一樣要經常關注咖啡豆在烘焙中的變化。全自動烘焙機只要輸入設定就能全自動進行烘焙，但丸山珈琲全都是用手動操作。會看著咖啡豆的變化調節火力。丸山先生曾說過「看在其他公司的人眼裡，說不定會覺得我們家的烘焙師，取出取樣匙觀看咖啡豆的次數已經多到沒有必要的程度了吧！」

咖啡豆的變化，具有色澤、膨脹方式及聲音等各種需要關注的重點，但其中丸山珈琲最重視的就是香味的變化。他們並不只觀察第一爆過後因化學反應而出現的風味（flavor），就連投入生豆後到第一爆之前的香味變化也會逐一確認。

咖啡的味道與風味，大致上是由第一爆前的加熱方式所決定。生豆在投入後，會在水分蒸發時散發出草腥味，接

著再轉變為如泰國米般的香氣。之後，當水分蒸發到呈現淡褐色時，就會冒出烘焙特有的芬芳香氣。每當出現這種變化時，就要施加適當火力，引出咖啡所擁有的個性。而這也是丸山珈琲重視香味的理由。

在第一爆過後，就要關注該款咖啡豆特有的香味與質感變化，在最出色的階段停止烘焙。烘焙中的咖啡豆雖然會有外觀上的變化，但我們卻無從得知內部的烘焙狀況。想要得知內部情況，線索就只有從深入咖啡豆內部的中央線飄出的香味，而這點也是丸山珈琲重視烘焙香味的理由之一。

丸山先生表示，「從前我會親自站在烘焙機後頭，每個動作都細心教導，要員工確實遵守溫度變化，不過卻怎麼教都教不好。果然，還是要讓他們累積經驗，去了解咖啡豆的變化才是捷徑。

只要能夠明確回答，在各種烘焙過程中取出的咖啡豆目前的狀態，那不論是使用手網還是任何一款烘焙機，都能夠烘焙出美味的咖啡。我要求他們要具備這種技能，也是以這樣的期望在進行教導。所以，我們家的烘焙理論說不定是出乎意料地古老、專業（笑）。」

要求烘焙師具備
「傳達味道的言詞」

目前包含丸山先生在內，「丸山珈琲」共有4名成員負責烘焙作業。而實際業務是以中村一輝烘焙師為主在進行，每天烘焙將近20批次，從早上8點到傍晚為止，幾乎整天都在烘焙。

對於一年有將近三分之一的時間投身海外，待在咖啡產地採購的丸山先生來說，培育烘焙師是件相當重要的工作。因此，他傾力培育成員們的杯測技巧，以及用言語表達咖啡味道的感性。

在該店，丸山先生採買的新款咖啡豆只要抵達小諸店，就會立刻進行2次烘焙測試。第一次是檢查生豆是否有運送損傷，第二次是要決定該豆最適合的烘焙深度。接著，在決定好可以當做商品販售的烘焙法後，就會由4名成員一同杯測。大家會將當時感受到的味道印象、評價和評語寫在一本筆記上。

隨後，4人會針對各自的評語進行討論，而最後精簡而成的短文會做為介紹咖啡豆特徵的介紹文，刊載在零售咖啡豆的販售表上。丸山先生認為，這正是將該款咖啡的魅力傳達給購買顧客的重要工具。

「在撰寫味道印象時，有人會偏重只用櫻桃或蘋果等水果的形容來表現，也有人會寫上長野縣特有水果風味之類的形容。這時我就會問他們，你對質感的評語呢？或是，大多數人都不知道這種地區特產的水果喔！不時地提出這樣嚴厲的指責。」丸山先生會藉此尋找能傳達給所有人知曉的詞彙，讓烘焙師彼此共享表現咖啡味道與該種感覺的言語。畢竟，精緻咖啡的首要魅力就是那份美味，要是沒辦法讓顧客喝下去，那可就賣不掉了。正因為如此，丸山珈琲才會認真製作販售表上的解說文。

當天烘焙的每一款咖啡豆都會杯測檢查是否有烘焙失誤，以及味道是否有偏離販售表上的介紹。當味道出現差異，丸山珈琲就會變更烘焙方式，有時甚至會停止販售。

小諸店裡有在Japan Barista Championship中榮獲最佳獎項的咖啡吧檯師傅傳任職。而對咖啡吧檯師傅來說，置身在從咖啡生產到烘焙過程皆觸手可及的環境中，也有很大的意義在。

該店負責烘焙的中村一輝烘焙師（上方照片）。與其他咖啡吧檯師傅出身的櫛浜健治先生、宮川賢司先生組成小組執行烘焙作業。

丸山珈琲 コーヒー豆価格表 平成23年7月15日更新版
《表示価格は全て、消費税込みです。》

スペシャルティコーヒー100%のブレンド		定価 100g袋	数量 豆	粉	250g袋	数量 豆	粉	500g袋	数量 豆	粉
さわやかブレンド	さわやかな酸味。【浅煎り】	¥420			¥840			¥1,260		
クリアーブレンド	透明感のある味。【中煎り】	¥420			¥840			¥1,260		
マイルドスペシャル	飲みやすくコクもある。【中煎り】	¥525			¥1,050			¥1,575		
深煎りマイルド	深煎りでしかもマイルド。【中深煎り】	¥525			¥1,050			¥1,575		
ハイ・ブレンド	バランスのとれた味。【中煎り】	¥560			¥1,113			¥1,690		
クイーンブレンド	モカブレンド。【中煎り】	¥578			¥1,155			¥1,733		
丸山珈琲のブレンド	定番の深煎り。【深煎り】	¥560			¥1,113			¥1,690		
アイス用ブレンド	すっきりとした爽やかさに加え、チョコレートの様な風味やコクのあるブレンド。【深煎り】	¥560			¥1,113			¥1,690		

丸山珈琲では、この度の東日本大震災への義援金として、皆様にお買い上げいただいたコーヒー豆の中から3%を、日本赤十字社へ収めさせていただいております。(3月16日〜6月30日迄の義援金 1,871,128円でした。)この義援金活動は1年間継続させ、微力ではございますが復興へのお力になればと願っております。

今月のおすすめ！ 夏のブレンド豆 & 個性的なストレート豆		定価 100g袋	数量 豆	粉	250g袋	数量 豆	粉	500g袋	数量 豆	粉
ウッドノート	柑橘系の風味と甘い後味。爽やかなブレンド。【深煎り】	¥560			¥1,113			¥1,690		
ヴェルデ	心地よく広がるボディ。重さのあるブレンド。【深煎り】	¥560			¥1,113			¥1,690		
夏のスペシャルブレンド	グランクリュをつかった贅沢なブレンド。【中煎り】	¥840			¥1,680			¥2,310		
ブラジル・カルモ・デ・ミナス・サンタ・ルシア	オレンジやアプリコットの風味と、カカオを思わせる後味。【深煎り】	¥735			¥1,470			¥2,205		
グアテマラ・エル・ヤルー	キャラメルの様な甘さと、滑らかな口当り。カカオの風味。【深煎り】	¥735			¥1,470			¥2,205		
ボリビア・オーランド	オレンジやアプリコット、キャラメルの風味。長く続く甘さ。【中煎り】	¥735			¥1,470			¥2,205		
グアテマラ・ニルマ・マルティネス	オレンジ、ピーチ、ヘーゼルナッツの風味。ミルクチョコの様なやさしい甘さ。【深煎り】	¥735			¥1,470			¥2,205		
ケニア・カヴティリ	カシス、ブラッドオレンジの風味。黒糖の様な甘さと、爽やかな後味。【中煎り】	¥788			¥1,575			¥2,363		

丸山健太郎著『コーヒーの扉をひらこう』好評発売中!! ホームページから最新の価格表をダウンロードできます。www.maruyamacoffee.com

各国産地の「グランクリュ 特級畑」と呼べる優れた農園、生産者の素晴らしいロットを紹介しています。		100g袋	豆	粉	200g袋	豆	粉
ブラジル・カルモ・デ・ミナス・シャイオ・ダ・トーレ	ブラジル国内でも最高品質産地のひとつ。カルモ・デ・ミナス地区産ピーチやイチジクの風味と花を思わせる香り。シルクの様なキメ細かい舌触り、ハチミツの甘さ。【中煎り】	¥840			¥1,680		
ボリビア・アグロ・タケシ	標高1900〜2400m、世界で最も標高が高い農園の1つ。ラズベリー、ピーチ、チェリーの風味と花の香り。長く続く甘さと奥行きのある味わい。滑らかな舌触り。【中煎り】	¥945			¥1,890		
ブラジル・グロッタ・サオン・ペドロCOE1位	2010ブラジル・カップ・オブ・エクセレンス第1位入賞ロットアプリコットやマンダリンオレンジ、ピーチの爽やかな風味。ハチミツを思わせる甘さとシルクの様な舌触り。【中煎り】	¥1,575			¥3,150		
ルワンダ・ツワグラムングCOE2位	2010ルワンダ・カップ・オブ・エクセレンス第2位入賞ロットチェリー、ベルガモット、ジャスミン、トロピカルフルーツの風味。様々な風味を感じさせる複雑で魅力的な味わい。【中煎り】	¥945			¥1,890		

フリガナ		電話番号		＊ ＊ ＊【通信欄】＊ ＊ ＊
お名前				
〒		お届け日のご案内FAX： 必要 / 不要		
		FAX番号		

定期更新的咖啡豆販售表。刊載在這裡的短文是烘焙師的傾力之作，凝聚了該店在咖啡製作上的原創力。

好喝，還不如尋找該怎麼做才會失敗，而這也是讓烘焙進步的重點。

丸山先生表示，「我曾在書上看過，凡事只要花上一萬個小時就成為大師，實際上也正如書上所說，我就花了7年的時間。」為購買更加優質的咖啡而大量採購，如今也正逐漸成長為每月販售將近8〜10噸咖啡的企業，而在烘焙方面，也有培育會隨同理論，重視依循經驗習得的感性的成員……而將這兩者融合為一體，也正是丸山先生的目標。

對味道持有明確印象的人進步得快

在寫杯測評語時，丸山珈琲沒有採用SCAA或COE的評分表，而是貫徹獨自的基準施行。

丸山先生表示，「在訪問歐美很早就已提供精緻咖啡的咖啡烘焙企業時，我最感動的，就是他們對味道有一套明確的公司基準，每個人都十分認真地投入其中。」「這種甘度會適合我們的咖啡、這款咖啡豆適用在我們的濃縮咖啡（espresso）上」，在目睹對方員工如此熱心地交換意見後，就覺得自己應該也能夠比照辦理。丸山珈琲會從產地採買、烘焙、販售到咖啡廳經營，建立起公司一貫的咖啡供給風格也是因這份體驗而來的。

近年來Japan Barista Championship的獲獎者輩出，鈴木樹咖啡吧檯師傅也在2011年World Barista Championship中榮獲第5名的佳績，儘管該店也同樣注重咖啡吧檯師傅的培育，但丸山珈琲的咖啡吧檯師傅們，卻也顯示出對於烘焙師或代購咖啡代購的興趣，進而出現轉換跑道的動向。這讓整個團隊能夠逐漸分享從採購到販賣為止的一連串提供咖啡的流程。

丸山先生除了教導店內的烘焙師外，還經常有機會向咖啡同好的自家烘焙店提供烘焙建言。他在教導的過程中不禁認為，進步越是快速的人，因為對味道抱持明確印象而「想要這樣烘焙」的心情就會越強。此外，在每天埋首烘焙的過程中，與其追求該怎麼烘焙才會

丸山珈琲　小諸店
長野県小諸市平原1152-1
電話／0267-26-5556
營業時間／9：00〜20：00　不定期休假
http://www.maruyamacoffee.com/

獨立的「旋風式燃燒器」是能夠清淨排氣、將熱能循環運用在烘焙上的系統。由於是排放清淨氣體，因此煙囪也不太會有附著物殘留。

美國製的全自動烘焙機「Kestrel S35」是台熱風式35kg烘焙鍋。溫度控制的可動幅度大，而且零件拆裝容易，維修起來非常輕鬆這點也十分讓人滿意。今年冬天預定引進70kg的全自動烘焙機。

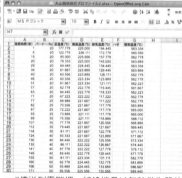

每一次的烘焙紀錄，都會在該批次結束後用E-mail傳送到電腦裡。紀錄檔是以每秒做為單位測量，詳細記載豆溫度、熱風溫度、排氣溫度與煙囪溫度的變動。

生豆在倒入專用的搬運車後，緊接著就會被吸到滾筒投入口中。搬運車上備有咖啡豆計量器與去除金屬的磁鐵。

烘焙機的操控由觸控液晶面板集中管理。儘管能依照設定自動烘焙，但丸山珈琲全是用手動操作，會根據咖啡豆的狀態控制火候。

樣品烘培機是活用富士咖機的小型烘焙機「Discovery」。也會使用全自動烘焙機進行少量烘焙。

丸山珈琲的咖啡製作流程

店鋪的生豆倉庫原本是汽車修車廠的場地，大致會儲放10天份的生豆。除此之外的庫存會保存在橫濱的恆溫倉庫，之後再每週配送到店鋪內。包裝採用內部為塑膠袋的穀袋（Grain bag）或真空包裝袋，致力維持品質。

每一日的烘焙量為300～400kg。會烘焙將近20批次。熟豆的販售量為每個月8～10噸。而在零售與批發方面上，是零售所占的比率較高。

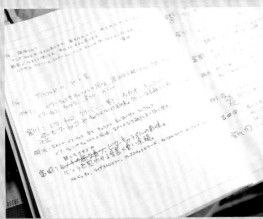

包含烘焙測試在內，烘焙好的咖啡豆全都會進行杯測。每天將近會有20種咖啡並排在桌上。每個烘焙師會將咖啡的味道印象與評語寫在筆記本中，當中寫得最好的評語會刊登在價目表上。

商品化流程

在當地進行杯測
丸山先生會親赴產地杯測烘焙樣品豆。常常會在當場就決定購買。

在日本也進行烘焙測試
從當地帶回相同的生豆，改用丸山珈琲的烘焙方式進行烘焙測試。用自家有別於當地烘焙方式的烘焙法確認味道，假如品質很好的話就會下訂單。

抵達日本、烘焙測試
對送來的咖啡豆進行烘焙測試，檢查生豆是否有運送損傷。

烘焙測試②
如果沒有損傷，就再次進行烘焙測試，這次是要探索最適合該款咖啡豆的烘焙深度。

杯測
包括丸山先生在內，4名烘焙師會在隔天對烘焙好的咖啡豆進行杯測。大家會將各自感受到的味道和風味（flavor）的評語寫在筆記本中，製作販售用的商品介紹短文。

客訴處理
當收到買家客訴咖啡味道有問題時，丸山珈琲會讓買家退貨或交換產品。退貨的咖啡豆一定都會進行杯測檢驗，找出問題所在。其結果會以信件或電話的方式告知顧客。

丸山珈琲的做法，是在意識到一個溫度設定下，逐一確認咖啡豆在實際烘焙時的變化並調節火力，當中特別會關注香味的變化。投入後會頻繁地抽出取樣匙確認。

哥斯大黎加La Lia

產地／哥斯大黎加　Tarrazu地區
收成／2010-2011年
產地標高／1700～1800m
莊園／El Dragon莊園
精製場／La Lia
品種／Caturra red
精製法／水洗處理法

由同一業主經營的莊園與小型農村公社所製成的精緻咖啡之一。會伴隨著清爽口感，展現出牛奶巧克力與香料的誘人風味。

烘焙時間	瓦斯噴燈(%)	豆溫度(℃)	熱風溫度(℃)	排氣溫度(℃)	現象
0:00	20	177.8	225.0	194.4	
0:34		61.7	223.9	129.4	回溫點(60℃／0:40)
1:03		64.4	222.8	118.3	
1:33	25→35	73.9	221.1	117.8	
2:04	40	83.3	221.7	123.9	
2:35	50	91.1	223.3	131.1	
3:05		99.4	226.7	137.8	
3:33	55	105.0	229.4	143.3	
4:02		111.1	232.2	147.8	
4:33	65	117.2	236.7	153.3	
5:03	70	122.8	242.2	158.9	
5:34	80	128.9	248.9	165.0	
6:04	85	135.0	255.6	170.6	
6:34	90	140.6	262.2	175.6	
7:04	90	146.1	268.9	180.6	
7:34	90	151.1	273.9	185.0	
8:05	95	156.7	279.4	189.4	
8:35	100	162.2	285.6	194.4	
9:05		167.8	291.1	198.9	
9:35		172.8	295.0	202.8	
10:05		177.8	298.3	206.7	
10:35		182.2	302.8	210.0	
11:05		187.2	306.1	213.3	
11:35		192.2	309.4	216.7	
12:03		197.2	312.2	220.0	
12:34		202.8	314.4	222.8	第一爆(203℃／12:30)
13:05	95	207.2	315.6	223.9	
13:33		210.0	314.4	224.4	
14:06		212.8	315.6	226.1	
14:36	90→80	216.7	316.7	228.9	
15:05	60	220.6	315.0	228.3	
15:16	60	221.1	313.9	228.3	停止烘焙

烘焙日期：2011年6月10日
生豆：哥斯大黎加　La Lia
烘焙深度：中焙
烘焙機：全自動烘焙機Kestrel S35
　　　　（熱風式35kg）桶裝瓦斯
生豆投入量：30kg
第九批次
天氣：晴天

全自動烘焙機的操控僅限於瓦斯噴燈的火力調節。在投入生豆後，會以數十秒為單位逐漸加足火力，讓咖啡豆在第一爆前充分受熱。等爆過後，就縮減火力，讓香味逐漸地產生變化。

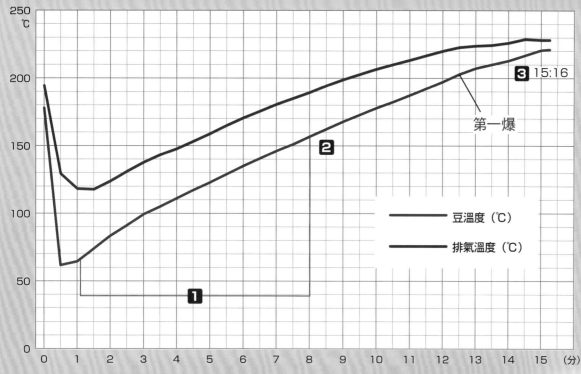

在投入後，溫度會在40秒內下降到60℃回溫點。接著再藉由「讓溫度逐漸上升到適溫」來引出咖啡豆的個性。投入30kg的烘焙時間大約為15〜16分鐘，而第一爆大約在10〜12分鐘發生。

1 關注第一爆前的香味變化

為引出咖啡的酸味與香氣，從投入生豆、蒸發水分到第一爆為止的加熱方式十分重要，但該店就連這段程序的變化也會根據咖啡豆香氣做出判斷。當咖啡豆鬆軟，伴隨水氣蒸發出現草腥味後，緊接著就會飄出泰國米般的香氣，然後就要一邊確認突然湧現的芬芳烘焙香氣、一邊加足火勢。

2 用最大火力形成味道

等到水分蒸發、生豆徹底受熱，飄散出芬芳香氣後，就轉最大火力直到第一爆發生。此階段就算施加最大限度的熱能也不會燒焦，還能夠確實形成咖啡豆的酸味與香氣。

3 停止烘焙

在第一爆開始後減弱火力，減緩溫度的升溫速度，並逐一觀察咖啡豆散發的香氣變化。這次是烘焙哥斯大黎加咖啡豆，所以會在「牛奶巧克力與香料」的香氣達到最高點時倒出咖啡豆。

當天烘焙好的咖啡全都會經由杯測確認味道。會確認味道是否符合咖啡豆販售表上寫的評語，並檢查是否帶有刺激感、澀味等可能是烘焙失誤所造成的味道。

活用La Lia豆的特有香氣，同時展現出唯有熱風式烘焙機才能完成的清爽口感。

烘焙完的咖啡豆會用過篩去除破損豆，還會進行手選（Handpick）去除異物。

大和屋／㈱シーアンドシー

群馬・高崎市

烘出蓬鬆質感，
並且不帶焦味。
用木炭烘焙的訣竅與
絕對的鮮度、品質，
招來盛大的人氣。

高崎本店的入口處設有試飲櫃台，每天提供不同的咖啡供人免費飲用。據說週末假日大都會有超過600人次享用這種試飲服務。

擔任大和屋烘焙部門的（株）シーアンドシー（C&C股份有限公司），在烘焙廠中設有5kg、10 kg、30 kg及60 kg的碳火直火式烘焙機。除此之外，還備有瓦斯的直火式烘焙機以及60kg的碳火、瓦斯兼用烘焙機。

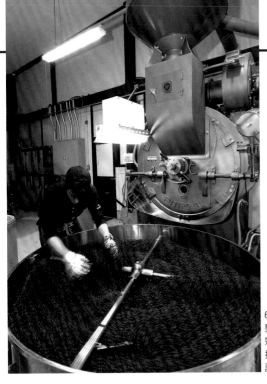

60kg的碳火烘焙機幾乎整天都在運作。為能在短時間內排出咖啡豆，控制滾筒轉動的馬達也設有變頻控制機制。

（株）シーアンドシー的田村司部長是在1987年任職於大和屋。擔任大和屋連鎖店的烘焙業務與咖啡品管。具有SCAA杯測評審師資格，並在該社舉辦的烘焙教室中擔任講師。

「大和屋 高崎本店」是位在群馬縣高崎市的街道上，以「世界的咖啡、日本的陶器」為主題所打造而成的高人氣店家。「大和屋」如今是一家在札幌等地共有4家直營店、全國各地共有36家連鎖店的咖啡店。

代表董事平湯正信先生是在1980年創辦「大和屋」。當時，大和屋還只是一家靠著不滿8坪大的小店鋪，販售用1kg樣品烘培機烘焙出的咖啡豆與骨董商品的店家。

而讓大和屋改變的契機，是始於他們的咖啡試飲服務。大和屋當時是用民藝風格的咖啡杯在提供顧客烘焙好的咖啡豆，沒想到此舉卻大受顧客好評，就連營業額也逐漸上升。之後，就在他們正式著手販售咖啡豆與陶瓷器的過程中，事業版圖也順利地逐漸擴展。

現在，高崎本店在屢屢擴建之下已經有330坪的規模。入口處設有現在已成為名勝的試飲櫃台，甚至有不少顧客是一連好幾天遠從各地來造訪本店。

店內隨時備有50種以上的咖啡豆和一萬件的陶瓷器。咖啡豆的販售量包含禮盒商品在內的銷售，是每個月平均2噸，多的時候甚至會達到3噸。瀰漫懷古日式風格的店鋪空間，以及咖啡與陶器所散發的祥和氣氛……做為能享受這種魅力的場所，大和屋如今已是地區上不可或缺的店家。

備齊5～60kg的烘焙機以對應繁瑣的訂單

在咖啡製作上，「大和屋」堅守創業以來的理念，採用碳火細心烘焙嚴選生豆，提供顧客剛出爐的新鮮咖啡豆。此咖啡製作業務是由1989年所設立的烘焙部門分公司——（株）シーアンドシー所擔任的，（株）シーアンドシー如今已一肩擔起「大和屋」直營店與連鎖店的咖啡供給，同時還負責其他咖啡店的批發業務。

2002年，隨著業務擴大而遷移到高崎市中里町的烘焙場，備有5kg、10kg及30kg的碳火烘焙用直火式烘焙機各1台，以及2台60kg的直火式烘焙機。除此之外，還備有瓦斯熱源的直火式烘焙機。一般來說，烘焙量大的烘焙企業，幾乎都會採用大型烘焙機一次烘焙完畢，但大和屋卻是準備了各種尺寸的烘焙機因應，其原因是為了提供顧客「剛出爐的新鮮咖啡」。

該公司的烘焙負責人，田村司部長表示，「為了隨時提供剛出爐的咖啡，我們必須每天進行少量烘焙，再將咖啡送往各個店家。因此，本公司會配合每日訂單決定當天的烘焙行程，但根據咖啡豆的種類，有時甚至會以1kg為單位烘焙。就是因為要配合繁瑣的訂購量烘焙，我們才會需要各種容量的烘焙機。」

實際上，大和屋光是直營店就備有50種咖啡，綜合咖啡的款式也是琳瑯滿目。除此之外，連鎖店還會配合各店店長的想法與客層嗜好製作綜合咖啡。其他還有配合日本歲時記（類似台灣的年曆）推出的季節商品，而為因應如此

堅持使用群馬縣產的木炭。儘管溫度會難以控制，但卻可藉由遠紅外線的效果，充分給予咖啡豆遠勝於瓦斯的熱能，讓咖啡豆暖呼呼地徹底受熱。

繁瑣的咖啡製作，也需要準備多種款式
的烘焙機。

以排氣溫度與豆溫度
反轉的時機為大略基準

　　木炭烘焙的魅力，在於能藉由遠紅
外線的效果，讓咖啡豆從內側暖呼呼地
充分受熱，而且「木炭烘焙」的良好印
象打從過去就深植人心，能與他店做出
差異化。「大和屋」之所以會堅持木炭
烘焙，也是為了守護長年經營的品牌名
聲，並且回應死忠客群的期待。

　　但另一方面，木炭烘焙的溫度調節
卻極為困難。木炭無法像瓦斯壓力計那
樣用數值計算熱能，只要調節稍有失
誤，咖啡豆就會立刻燒焦。在這種情況
下，究竟要怎麼做才能夠穩定烘焙呢？
在此，田村先生告訴了我們幾項要訣。

　　想要提升火力，就得添加木炭，並
朝爐內送風使木炭燃燒，但要是火力提
升過高，咖啡豆就會立刻燒焦。因此，
要用心將木炭的添加量，控制在給予咖
啡豆適當熱能的最低限度上。此外，木
炭大小也要對應各個烘焙機的烘焙鍋尺
寸準備，讓木炭從燃燒到熄滅為止的時
間，在某種程度內保持穩定。

　　排氣閥也不要做大幅度的動作。排
氣閥一旦全開，木炭就會因空氣流通而
猛烈燃燒，滾筒內部也會滿是炭灰飛
揚。因此，排氣閥要微微關閉，等到第
一爆後再稍微開啟。但在做第二爆過後
的深焙時，烘焙鍋內會形成高溫環境，
還會冒出大量濃煙，此時要是讓排氣閥
繼續關閉，就會導致烘焙鍋內部缺氧，
有時甚至會在排出咖啡豆時噴出火來，
因此要慢慢地逐漸開啟排氣閥。

　　實際烘焙時還得要注意溫度變化，
烘焙機包含5kg烘焙鍋在內全設有排氣
溫度計，會將豆溫度與排氣溫度的平衡
視為適度烘焙的基準。

　　舉例來說，當使用5kg烘焙鍋烘焙
時，咖啡豆在因水分蒸發而外表泛黃
後，排氣溫度的升溫速度會逐漸減緩，
並在160～170℃左右被豆溫度逆轉。
此後，豆溫度會平穩上升，但另一方
面，排氣溫度則是會緩慢上升。只要以

高崎本店的咖啡賣場，隨時備有將近50
種的咖啡。裝咖啡豆的玻璃瓶，是打從創
業時就特別講究的訂製品。會根據訂單大
量販售。

在販售以精緻咖啡為名的咖啡時，
就只會販售在COE獲得大獎的競
標豆。會採用瓦斯直火式的烘焙機
烘焙，以避免精緻咖啡的纖細風味
受損。

身為「大和屋」另一項招牌的
陶瓷器會備有一萬件以上，這
些全都是由平湯董事親訪日本
各地的窯室與作家住處所選購
的商品。

店鋪2樓的展示空間，是展示衣
物、染布、陶藝、工藝品等作
家作品的場地，全面開放給民
眾參觀。從週五到週二，每週5
天舉辦隔週輪替的展覽會。

這種溫度進行烘焙，就能烘出沒有燒焦、並具有高重現度的咖啡了。而當排氣溫度居高不下時，即可推測是因為木炭熱能過盛，導致咖啡豆焦掉的緣故。

田村先生表示，「火力可根據置入爐中的木炭量和炭火顏色來判斷。即將旺盛燃燒的炭火顏色與就快熄滅的炭火顏色不同，旺盛燃燒的炭火是明亮的，而就快熄滅的炭火會較為黯淡。」明明就把即將旺盛燃燒的木炭放進爐子裡了，要是再添炭火，就會使得溫度過高，導致咖啡豆焦掉，所以像這樣判斷炭火的顏色，也是烘焙時的重要依據之一。

儘管如此，在烘焙時依舊必須得調節火勢，讓木炭正好在結束一批次烘焙時燃燒殆盡，所以操作起來十分棘手。而在使用備長炭時，也會因為燃燒費時、點燃後會持續維持高溫且難以降溫，導致在操作上更添難度。

藉由檢查L值與缺陷味
提供顧客高品質的咖啡

生豆採購主要是經由貿易公司進行，所購買的種類也很豐富，其中巴西、印尼和瓜地馬拉等契約莊園的咖啡豆也是逐年增加。大和屋是以販售頂級咖啡（Premium Coffee）為主，但也有不少達到精緻咖啡（Specialty Coffee）水準的產品。只不過，能在「大和屋」中稱為精緻咖啡的，就只有在COE獲得大獎的高水準咖啡。這些富有風味特性的咖啡豆不會採用木炭烘焙，而是使用瓦斯熱源的直火式烘焙機烘焙。

每天烘焙好的咖啡豆也會徹底落實品質管理。當中會特別重視做為評估咖啡品質重現性的烘焙色澤。大和屋的咖啡豆是放在玻璃瓶中販售，因此他們還會要求色澤與膨脹狀況要隨時保持在穩定狀態下。

因此，在停止烘焙時，烘焙師會一手拿著烘焙豆樣品、一手不斷地用取樣匙取出咖啡豆判斷停止烘焙的時機。而在烘焙完畢後，還會將咖啡豆放入選別機中去除異物與花豆，接著再送到品質

就連最小的5kg烘焙機也都分別設有獨立的排氣風扇和冷卻風扇，並裝有旋風式燃燒器，可進行連續烘焙作業。此外，還特別安裝了排氣溫度感應器做為測量溫度的基準。

各烘焙機的煙囪每隔幾個月就會大掃除一次。烘焙時需要風量，因此冷卻管道會做得比較粗。而木炭烘焙是用炭火高溫燃燒，所以煙囪也不太會有銀皮與粒子附著。

滾筒下方是燃燒木炭的爐子。在想要生火的時候，有時也會打開爐子下方的供氣口做調整。

工廠的生豆庫存，會每週從貿易公司的恆溫倉庫中補貨一次。倉庫內備有哥倫比亞、瓜地馬拉、夏威夷與巴西等指定的契約莊園咖啡。

2010年開始動工的生豆熟成倉庫。石造外牆採用栃木縣的大谷石，庫內保持恆溫恆濕，要在無損咖啡豆水分含量下熟成醇厚的風味。預定在1年後烘焙，確認咖啡豆的熟成狀況。摩卡系的咖啡豆則是要挑戰5～10年的熟成。

管理室檢測L值（咖啡豆的明暗度）。檢測好的咖啡豆會徹底落實品管，只要明暗度與做為該豆烘焙深度基準的明暗度相比，兩者的誤差值高於0.5以上就會停止進貨。

而在檢測好L值後，當天烘焙的所有咖啡豆都會進行杯測。大和屋會在此階段挑出咖啡豆的瑕疵（缺陷味）。當明顯出現發酵豆與枯豆的味道時，該批咖啡豆就會做廢棄處理。

就像這樣，「大和屋」的咖啡憑藉長年累積的烘焙訣竅與徹底落實的品質管理，獲得了廣大粉絲們的支持。儘管如此，木炭烘焙依舊是比通常烘焙來得困難。不僅容易受到季節的溫度變化影響，還必須要根據生豆的水分含量與硬度做微調，所以在該公司任職的烘焙師，都會被要求要能理解咖啡豆在烘焙下的狀態變化。

就這一點而言，田村先生表示，「要提高烘焙技術，最重要的就是經驗了。」比方在用5kg烘焙鍋烘焙時，按照一般的程序，會在咖啡豆的水分蒸發後，在第一爆發生前添加木炭升溫，讓咖啡豆能夠確實膨脹，但也有成員會不小心忘記要添加木炭。這樣一來，就算遲一點再添加木炭，咖啡豆也不會膨脹，有時甚至連第一爆都不會發生。但就算失敗了，也會試著讓該成員烘焙到最後，讓他在事後思考自己為什麼會失敗。

「不經一事不長一智，這部分的損失，我們會把它當作是教育花費。」在如此培育烘焙成員的過程中，有些成員還會對咖啡的世界產生興趣，進而取得咖啡指導員（Coffee instructor）的執照，在該公司主辦的咖啡講習會和烘焙教室中擔任講師。

2010年秋天，期盼已久的生豆熟成倉庫也開始動工。將來的5年、10年，大和屋將要挑戰提供熟成咖啡的事業。迎接創業第31週年，平湯董事一心培育至今的「大和屋」，今後也會在更加追求咖啡魅力中繼續走下去。

大和屋 高崎本店
群馬県高崎市筑縄町66-22
電話／027-362-5911
營業時間／平日 10：00～19：30、
　　　　　週日及假日10：00～19：00
休假日／全年無休
http://www.yamato-ya.jp/

株式会社シーアンドシー
群馬県高崎市中里町842-1
電話／027-360-6711
http://www.cc-coffee.jp

大和屋的咖啡製作流程

商品化的流程

烘焙樣品豆
以具備SCAA杯測評審師資格的田村先生為主，由持有咖啡指導員執照的全體成員確認咖啡的味道與狀態。此階段主要是確認咖啡豆的個性和特性。

以烘焙做購入判斷
用1kg瓦斯直火式烘焙機烘焙。主要是判斷進貨的咖啡豆狀態，檢查劣化度、味道，以及是否有瑕疵豆存在。

以3階段的烘焙深度做檢證
新使用的咖啡豆與想要做更加嚴謹的購入判斷的咖啡豆，會使用一袋的分量，並至少用3階段的烘焙深度進行烘焙。會在此過程中，檢證出最能展現咖啡味道與特性的烘焙深度。

以木炭烘焙進行測試
用瓦斯烘焙機做烘焙測試的咖啡豆，會在正式烘焙前用木炭做烘焙測試。這是因為儘管是在相同烘焙深度下，瓦斯與木炭烘焙的酸度與色澤依舊會出現差異。會逐步調整烘焙方式，填補與瓦斯烘焙間的差異。

預熱
用裝在烘焙機上的木炭點火用瓦斯來點火。約花費1小時的時間，緩慢地讓排氣溫度加熱到210℃，然後開始第一批次的烘焙。在到第三批次之前，溫度會難以穩定。預熱時會放入預定廢棄的咖啡豆轉動，以清除滾筒內部的灰分。

生豆投入量
5kg烘焙鍋的生豆投入量為1～3kg左右。投入量太少，咖啡豆就會容易燒焦。此外，為避免浪費木炭，投入量會隨著每一批次的烘焙逐漸增加或是減少。

投入溫度
生豆的投入溫度是固定的，並且會在排氣溫度達到烘焙後的豆溫度時投入。當下一批次的投入量較少時，就會從爐中取出木炭或是打開排出口的蓋子等，藉此降低溫度。

挑出異物、挑出色差

烘焙好的咖啡豆會經由選別機除去石頭或金屬之類的異物，容易產生花豆的咖啡豆會放入色彩選別機中排除未達基準的咖啡豆。

檢測L值

以均勻地烘焙、展現出相同味道的烘焙品質立場而言，該公司會以咖啡豆的烘焙顏色是否一致做為最重要的基準。為此，他們在品質管理室內設置了用來檢測L值（明暗度）的機器。工作人員會依循該公司的工作手冊，對當天烘焙好的全部咖啡豆進行L值檢測。只要L值在各款咖啡豆的基準值的±0.5以內就算合格，一旦超出此限度就不會出貨。

杯測缺陷味道

檢測完L值後，會對烘焙好的全部咖啡豆進行杯測。依照SCAA的方式，主要是確認有無枯豆或發酵豆等瑕疵豆（Defects）的存在。

做法是先準備5杯同種類的烘焙豆。要是在檢測後發現，含有瑕疵豆的杯子在3杯以上，就再準備5杯同種類的烘焙豆。接著，要是還有3杯以上判斷出含有瑕疵豆，該批烘焙豆就不會出貨並做廢棄處置。枯豆與發酵豆就算摻入的比例很少，也一樣會嚴重影響到味道，所以必須要嚴格把關。

杯測作業會由專門的成員負責。為了讓他們熟悉缺陷味道，還會特地從貿易公司處收集瑕疵豆（主要是發酵豆）讓他們親自體驗。順道一提，據說發酵豆會散發出優碘般的臭氣，枯豆則是會出現稻草或木屑般的氣味。

木炭烘焙最重要的就是避免出現焦味。因此,木炭添加量要控制在可容許的最低限度上,而關鍵就在於要掌握炭火的燃燒節奏。這次就來介紹5kg烘焙鍋的做法。

ROAST DATA

烘焙日期:2011年5月30日　11:00
生豆:巴西　Agua Limpa莊園
烘焙深度:中焙
烘焙機:富士咖機　直火式5kg
生豆投入量:3.75kg
第七批次
室溫22.3℃　溫度70.5%
天氣:雨過天晴

巴西　Agua Limpa莊園

地區／巴西　米納斯吉拉斯州
　　　　Monte Carmelo市
產地標高／950m
品種／新世界(Mundo Novo)　Akkaya種
精製法／自然乾燥法
篩網大小／S-17/18

除了用於綜合咖啡外,還會用於做為單品咖啡販售的產地簽約咖啡豆。就大和屋的情況,巴西的咖啡豆大都是毫無添加的直接使用。取樣時的咖啡豆水分含量約為10%。

Coffee Roasting Data

投入

在排氣溫度達到200℃時投入生豆。投入時的排氣溫度,大致上會和結束烘焙時的豆溫度相同。因為前一批次結束時的木炭量不足,所以添加木炭提高烘焙鍋的溫度。取樣時的回溫點為100℃。由於投入溫度固定,因此回溫點會依據季節、天候,以及咖啡豆的狀態出現變動。

▼

豆溫度130℃／5:00

▼

豆溫度150℃／8:00

水分蒸發的階段。檢查木炭量的變動。排氣閥調節到3～4的位置。

▼

豆溫度162℃／9:50

咖啡豆轉為黃色

在9分50秒豆色會轉為黃色。要是全部轉為黃色的話,成品品質就會很好。

10:10

排氣溫度與豆溫度反轉

豆溫度在10分10秒時達到165℃。排氣溫度的上升率減緩,使得豆溫度高於排氣溫度。豆溫度與排氣溫度會在160～170℃左右反轉,此時避免失敗的重點就在於對木炭燃燒的控制。要是排氣溫度居高不下,沒有被豆溫度反轉,即可推測烘焙鍋的內部溫度也很高,原因大概是咖啡豆燒焦所致。
就5kg烘焙鍋的情況,必須要在豆色從黃色變成略帶褐色之前讓溫度反轉。

11:00

添加木炭

在第11分鐘時添加木炭,補足到第一爆之前的熱能。木炭燃燒需要時間,因此溫度進展會暫時減緩。此時正是咖啡豆水分蒸發質地柔軟的階段,要是太早添加,放入時的震動會揚起灰分,很容易讓咖啡豆沾上炭灰,所以千萬要小心。
此外,要是太慢添加,就會導致升溫情況不佳,讓咖啡豆無法確實膨脹,所以在添加木炭時,要確實把握咖啡豆的狀態與木炭的熱量。

▼

豆溫度180℃／14:00

▼

豆溫度190℃／15:45

第一爆、調整排氣閥

抽出取樣匙,確認第一爆時的爆裂方式與聲音。巴西咖啡豆的爆音微弱。接下來到停止烘焙為止,要根據咖啡豆的狀態與溫度變化,將排氣閥開啟一個刻度左右。

豆溫度202℃／19:06

配合樣品豆停止烘焙

在接近停止烘焙的溫度後,就要不斷地用取樣匙取出咖啡豆,一面與前次烘焙的樣品豆比較、一面估算咖啡豆的色澤、膨脹度、皺褶,並在質感與樣品豆相同的時機停止烘焙。取樣時的巴西咖啡豆是在進入第二爆後,202℃、約19分鐘時停止烘焙。有些咖啡豆會在烘焙後改變色澤,因此還需要掌握這種咖啡豆的特性,找尋停止烘焙的時機。

Coffee Roasting Data

瓜地馬拉　LAS GRABILEAS莊園

地區：薇薇特南果
品種：波旁
精製法：水洗處理法
收種期：1～4月

160℃

咖啡豆呈現黃色

調節木炭的量與溫度，讓咖啡豆形成相同的色澤與質感。這是比「巴西　Agua Limpa莊園」堅硬的咖啡豆，因此要仔細觀察升溫率和咖啡豆的狀態，以避免延誤烘焙時間。

第一爆時

要讓皺褶延伸，確實烘出漂亮地膨脹感。

在進入第二爆的瞬間左右停止烘焙。以第二爆的聲音做為停止烘焙的判斷依據。烘焙成員彼此會對所謂的第二爆初期、中期、後期的爆聲具有共識。

使用木炭的訣竅

添加量要控制在所需的最小限度

添加到爐內的木炭量是以「所需的最小限度」為基準。以不會導致熱量不足的最低限量為目標。木炭烘焙最必須注意的，就是要避免咖啡豆焦掉。木炭量過多，將會成為咖啡豆烤焦的主因。

掌握燃燒的節奏

5kg烘焙鍋的基本操作，是在投入生豆前與第一爆前添加木炭。木炭在添加後，需要一段時間才會燃燒，因此要掌握這段時間的間隔進行木炭的添加。第一爆前所添加的木炭，則要能在停止烘焙時燃燒完畢。

為了讓這樣的木炭燃燒維持一定的節奏，該公司會將木炭弄成相同的大小。而不同尺寸的烘焙機會使用不同大小的木炭，60kg烘焙鍋就用大型木炭、5kg烘焙鍋就用小型木炭。

避免揚起炭灰

添加木炭時要輕輕擺放，以避免揚起爐中的灰分。這些炭灰對咖啡豆可沒什麼好處。

操作排氣閥

排氣閥基本上要微微關閉

排氣閥基本上要微微關閉，也不需要大幅度的操作。在使用5kg烘焙鍋時，刻度要調到3～4附近，烘焙中也只會調整0.5～1左右。基本上不會開過半，要是開過半的話，空氣就會湧入爐內讓木炭劇烈燃燒起來，加深溫度控制的困難

性。此外，排氣一旦增強，爐內的炭灰也容易被揚起，有時甚至會讓灰分掉進滾筒之中。

深焙時要慢慢地開啟

然而，法式烘焙和義式烘焙是接近230℃的深焙，會產生大量的煙氣與揮發成分，因此要慢慢地開啟排氣閥。一直關閉會導致鍋內缺氧，甚至會有在停止烘焙時引起爆燃（backdraft）現象的危險。

隨著豆質硬度與季節的溫度變化，也會改變烘焙時間和升溫速度。因此，要在烘焙中確認咖啡豆的狀態，並且適當地控制火力。

DOUBLE TALL
ダブルトール
東京・澀谷

以獨有管道取得的
個性派咖啡豆，
各自採用適合的方式烘焙。
追求綜合性咖啡專賣店
的嶄新魅力。

澀谷店的店鋪設立在大馬路旁的小巷內。濃縮咖啡機使用La Marzocco的五孔「Linea」。這是擷取按鈕式開關與槳式開關的複合機種，以黑色粉末塗料加以塗裝的特製品。

也適合配餐飲用的「澀谷綜合咖啡」100g450日圓。照片中的咖啡豆是綜合咖啡，主要是使用的巴布亞紐幾內亞獨立國的Madan Estate莊園咖啡豆。

照片從至右至左，分別是擔任烘焙主管的廣井政行先生、代表董事的齊藤正二郎先生，以及咖啡吧檯師傅兼烘焙師的志渡寬康先生。他們活用了各自專長領域創造出該店的風格。

使用「澀谷綜合咖啡」製作的「拿鐵咖啡」600日圓。是用滑嫩細緻的蒸氣發泡牛奶（Steamed milk），溫和綜合咖啡特徵性的酸味與明確苦味。

自家烘焙是使用上方照片的Diedrich Roaster IR-3（3kg、半熱風式），與下方照片的HR-1（500g烘焙鍋、電熱式）這2台。

經由特殊管道購入，印度王室御用莊園的最高級羅巴斯塔（robusta）。只要在濃縮咖啡中使用10～15％的量，就能出現羅巴斯塔特有的濃韻與咖啡脂（Crema）。

身為西雅圖咖啡的開拓者，「DOUBLE TALL」多年以來聚集了大量人氣。早從15年前起，DOUBLE TALL就開始引進美國西雅圖的「Caffe D'arte」的咖啡豆使用，但為了以綜合性咖啡專賣店為目標，他們也在2007年時導入自家烘焙技術。現在包括特約加盟店在內的5家店鋪，會將咖啡視為商品進行零售與批發販售。每月烘焙量約為500g。

烘焙機採用Diedrich的IR-3（3kg烘焙鍋、半熱風式）與HR-1（500g烘焙鍋、電熱式）這2台。這是擴展該店業務的SS&W股份有限公司代表董事——齊藤正二郎先生，看中Diedrich公司那符合工程學與科學性的正確理論，透過該公司在美國的關係法人導入的烘焙機。平時是以IR-3為主，HR-1則用於烘焙測試與少量烘焙上。

咖啡豆的採購業務也是由齊藤先生親自擔任。現在透過日本和美國貿易公司的管道購入的咖啡豆，與使用獨有管道購入的咖啡豆比例相當。經由貿易公司管道購入的咖啡豆，在品質與數量方面都很穩定，因此主要是用在大量批發上。現在販售的巴西咖啡豆有2種（有機咖啡與精緻咖啡）、哥倫比亞、瓜地馬拉、肯亞、衣索比亞、祕魯各2種、以及曼特寧等等。在找尋新咖啡豆時，

也會活用SCAJ（日本精緻咖啡協會）等咖啡相關活動建立清單，會在取得樣品豆、做烘焙測試後進行杯測，接著再討論是否要引進。今後也將預定增加精緻咖啡的項目。

另一方面，直接購入的咖啡豆數量較少，會選擇他店未經手的特殊咖啡豆，建立與他店之間的差異性。如今售有印度、葉門、夏威夷KA'U、巴布亞紐幾內亞的咖啡豆。這些大都是經由齊藤先生個人開拓的管道購買，在日本幾乎沒有其他管道可以取得。

比方說，從印度王室的御用莊園購得的最高級羅巴斯塔豆（robusta），就是基於齊藤先生個人與印度王室間的關係，在薩爾瓦多著名的咖啡顧問介紹下開始購買。而具有獨特摩卡口感的葉門咖啡豆，則是直接向葉門出身的咖啡業主購買。與最近品質顯著上升的夏威夷KA'U莊園的合作關係，也是在齊藤先生參與夏威夷的日僑組織之後開始的，該公司的烘焙師們也經常陪同他前往當地，確認咖啡豆的收成以及精製方式等等，密切加深彼此的合作關係。

留意各咖啡豆的水分含量並確實使之「乾燥」

負責烘焙業務的，是具有20年經驗並擔任烘焙主管的廣井政行先生。此

外，以咖啡吧檯師傅身分活躍，同時也擔任專業學校的咖啡吧檯師傅講師的志渡寬康先生，也在廣井先生的指導下累積經驗。

身為主要烘焙機的Diedrich Roaster IR-3（3kg烘焙鍋、半熱風式），所用的瓦斯是從主管接來的專用管線，具有較高的瓦斯壓力。而為提升排氣效能，還進行了部分改造，提高排氣風扇的轉速。

DOUBLE TALL也經手批發販售，所以在烘焙時會注重讓每批次的咖啡都具有相同的味道。他們規定每次烘焙的生豆量要為2.5kg，並且要在相同的溫度、相同的時機停止烘焙，藉此達到味道的均一化。在烘焙的基本總時數方面，中度烘焙是12分鐘、中深度烘焙是14～14.5分鐘、深中深度烘焙（Full City Roast）則是16分鐘。烘焙手法會配合咖啡豆的性質與希望的烘焙深度做變化。再來，還會考慮到日漸劣化的咖啡豆鮮度，每天調整。

在咖啡豆的眾多差異之中，DOUBLE TALL特別重視水分含量。比方說，廣井先生在用高溫進行中度烘焙時，會先將排氣閥開到50％，讓氣流流通滾筒內部使咖啡豆乾燥。而據說為了防止與圓筒的接觸熱造成花豆，有時甚至會視情況全開到70％。他會藉

最近逐漸受到注目的夏威夷凱的Rusty's Hawaiian莊園。不論栽培方式還是洗淨方式都已經現代化，只選定高熟成度的咖啡豆細心採集。

會頻繁到夏威夷KA'U的莊園視察。在學習咖啡知識的同時，也能加深與莊園之間的合作關係。

此提高鍋內的熱滲透，烘焙出不殘留刺舌味和澀味的成品。另一方面，水分含量為10～11％、水分蒸發得也快的葉門咖啡豆，一開始則是會稍微關閉排氣閥，花費一定時間完成烘焙。像這樣，在豆色變黃的前6分鐘內讓咖啡豆的水分含量一致，據說可讓內側與外側承受相同的熱度，穩定接下來的烘焙過程。以3分鐘100℃、4分鐘120℃、6分鐘140℃為基準，當時間大幅偏離時，就調整瓦斯壓力使之相同。

在豆色變黃後，就開啟排氣閥1分鐘左右讓銀皮飛離鍋內。而排氣閥在調回原狀後，就不要太去動它。會在130℃下自動產生反應的後燃器，就會在此階段開始運作。

接著等到第一爆過後，就將排氣閥全開。此舉是基於要給予新鮮空氣才會令咖啡好喝的想法。此外，由於烘焙機的蓄熱性非常高，再加上咖啡豆本身的溫度，所以第二爆過後，要在中深度烘焙之前切斷熱源，用餘溫慢慢加熱。

在使用500g烘焙鍋的HR-1時，它的電熱式結構不僅易於乾燥咖啡豆，就算碰到梅雨季也能輕鬆烘焙。只不過，味道儘管與半熱風式相差無幾，但卻難以做細部調整，所以會設定一個基本模式，並在某種程度下依循這個模式烘焙。除了烘焙測試外，主要就只會用在1kg以下的少量烘焙、以及接受少量訂單時。火力方面也有問題，所以生豆投入量最多就只能300g左右。

調配出豐富口味
以對應各種客層

手選（Handpick）會在烘焙前後進行，當中特別是少量購入的葉門等咖啡豆，會由於死豆含量高、並且難以和生豆區別的關係，被剔除掉相當大的數量，約占全體的15～17％。

在烘焙完的2、3天後，會杯測確認咖啡的味道。這基本上是由擔任烘焙的廣井先生與志度先生2人，再加上澀谷、原宿店的咖啡店店長，總共4人負責確認。杯測後會試著用滴濾或法式濾壓的方式沖泡，有時還會觀察放置數日後的味道變化。在用法式濾壓沖泡時，會特別確認咖啡是否有殘留雜味、是否有保留住酸味和甘味。而在使用新款咖啡豆或要變更綜合咖啡配方時，也絕對會由多人進行確認，以客觀的角度調配味道。

此外，在烘焙方面上，一款咖啡豆不會只限定用一種烘焙深度，會至少準備2種烘焙深度以擴展咖啡的口味。舉例來講，夏威夷KA'U的咖啡豆就是在各種烘焙深度下進行杯測，覺得能感受到草莓、芒果等水果風味的中深焙是最完美的，才決定以此深度在咖啡店中販售。只不過，基於就算提高烘焙深度，也能夠抑制酸味展現美味口感的判斷，店內的指定烘焙服務也接受中深度烘焙到深中深度烘焙以及法式烘焙的要求。

在調配綜合咖啡時，會依據酸度或濃度等等，賦予各咖啡豆所該負責的角色。此時要是咖啡豆的種類太多，會使得味道變得曖昧不清，因此限制最多只能使用6種咖啡豆。另一方面，為了在所使用的咖啡豆基於採購因素而無法取得時，也能改用其他種類的咖啡豆替代，DOUBLE TALL會用4種以上的咖啡豆調配綜合咖啡以維持穩定口味。以自家烘焙豆調配的「濃縮咖啡」，就是用2種巴西咖啡豆加上肯亞等地的咖啡豆製成綜合咖啡，再藉由添加獨有管道購得的印度產高級羅巴斯塔豆，引出濃縮咖啡所具備的咖啡脂與濃韻感。而滴濾沖泡的「澀谷綜合咖啡」，則是為了讓客人能在用餐時與餐點一同享用而開發的商品。其口感百嚐不膩，同時顧及到酸度與甘度的均衡。這是用40％的巴布亞紐幾內亞咖啡豆，再加上印尼等地的5種咖啡豆，在烘焙時引出各款咖啡豆的特性，調配出具有純淨酸度與不刺舌苦味的清爽口味。

今後預定會將烘焙空間搬遷到更寬廣的場地，更加致力於自家烘焙的發展。咖啡豆也會以其他店所沒有的獨特咖啡豆為中心匯集，朝向獨一無二的店家邁進。

DOUBLE TALL　渋谷店
東京都渋谷区渋谷3-12-14
電話／03-5467-4567
營業時間／11：30～24：00（週六～21：00）
休假日／週日與國定假日
http://www.doubletall.com

45

現在的烘焙工廠是設立在東京濱松町商業街的一隅。排氣是經由後燃器，從外頭的煙囪排出。

主要用在烘焙作業方面的Diedrich IR-3。會用半熱風式的3kg烘焙鍋，每天進行10批次左右的烘焙。進行了提高排氣風扇轉速的改造，排煙效能十分良好。

瓦斯壓力表

瓦斯壓力表上寫著「inch WC」。1 inch Water Column＝249 pascals。刻度最大有到6，但由於這樣火力會過強，因此烘焙時會把刻度調整到4左右。

排氣閥

排氣閥可做20％、50％及70％三階段的排氣調整。配管只有一個，使用時會在排氣與冷卻之間切換。

並排著瓦斯壓力的操縱桿、感測咖啡豆受熱溫度的儀表與計時碼表等等。在烘焙過程中，主要是確認上面的時間和溫度。

DOUBLE TALL的咖啡製作流程

生豆的購買程序

在生豆的購買方面，直接購買與經由貿易公司購買的比例各半。直接購買的情況下，則是齊藤先生從個別找到的咖啡產地，分別以少量批發的方式購得。

預熱

主要使用的Diedrich IR-3不僅火力強、蓄熱性也高。預熱溫度會花10分鐘左右提高到230℃，等降溫到225℃後再投入生豆。

清掃、維修

排氣與冷卻共用一個系統，因此要切換交替使用。而內部會囤積銀皮，所以差不多要在烘焙完第4批次之後暫停烘焙，用吸塵器清除內部的銀皮。

確認味道

諸如變更綜合咖啡配方時，會在烘焙完的2、3天後杯測。基本上是由擔任烘焙的廣井先生與志度先生、2名咖啡店店長，總計4人來進行確認。

批次數、投入量

主要使用的3kg烘焙鍋，其味道的重現性高，因此每批次的生豆投入量就決定設為2.5kg。每天約烘焙10批次左右。

「夏威夷KA'U」鄰近於廣為人知的夏威夷科納市，屬於冒納羅亞火山東側的農地。是遠比科納還早受到日僑開拓的土地，土壤為肥沃的紅土。近年來，可採收到抑制酸度且具有柔和水果口感，以馥郁甘味為特徵的上等咖啡豆。

夏威夷KA'U（HAWAII KA'U）

地區／美國　夏威夷島KA'U地區
產地標高／500～600m
品種／瓜地馬拉 阿拉比卡豆（Arabica）
精製法／水洗

是種水分含量雖高，但卻易於烘焙的咖啡豆。店內是採用中深焙，發揮那能感受到草莓與芒果等水果風味的口感。還能夠享受中深焙以後的烘焙深度。

ROAST DATA

烘焙日期：2011年6月14日 13：00
生豆：夏威夷 KA'U（HAWAII KA'U）
烘焙深度：中度微深烘焙（high roast）
烘焙機：Diedrich HR-1 電熱式
　　　　半熱風500g烘焙鍋
生豆投入量：325g
室溫27.8℃　溫度48%　晴天

HR-1主要用在測試與少量烘焙上。不適合做要詳細設定的烘焙，火力只有「high」、「middle」、「low」，排氣閥只有「cd」、「50/50」、「rd」各3個階段可以調整。

烘焙時間	豆溫度（℃）	火力	排氣閥	現象
0:00	215	high	c b（20%）	
1:00	146			
2:00	142			回溫點
3:00	150			
4:00	155			
5:00	169		50%	豆色呈黃色
6:00	172			
7:00	175			
8:00	181			
9:00	189			第一爆
10:00	192			
11:00	196			
12:00	198		rd（70%）	
13:00	199			
14:00	203			
15:00	207			停止烘焙

※HR-1電熱式的火力只有LOW、MIDDLE、HIGH等3個階段。

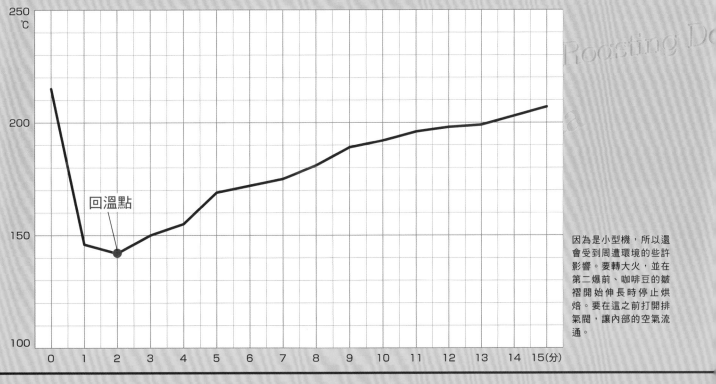

250℃

回溫點

200

150

100

0　1　2　3　4　5　6　7　8　9　10　11　12　13　14　15（分）

因為是小型機，所以還會受到周遭環境的些許影響。要轉大火，並在第二爆前、咖啡豆的皺褶開始伸長時停止烘焙。要在這之前打開排氣閥，讓內部的空氣流通。

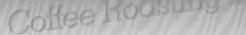
DOUBLE TALL's Roasting

葉門 Ibbi

地區／葉門
栽培標高／1500～300m
精製法／自然乾燥法

摩卡獨特的清爽香氣，與紅酒、黑醋栗般的獨特酸味是其特徵。儘管莊園的等級不高，卻可藉由細心烘焙成為優質商品。

具有摩卡獨特的香氣與味道，葉門產咖啡豆就連日本人也十分喜愛。現在雖因當地治安惡化而難以取得，但該店是經由僑居日本的葉門出身人士所特殊取得。以烘焙克服難以處理的豆質，調配成該店的招牌商品之一。

烘焙時間	豆溫度（℃）	瓦斯壓力	排氣閥	現象
0:00	225	3.75	20%	
1:00	95			回溫點（81℃／1:40）
2:00	82			
3:00	95			
4:00	108			
5:00	122			
6:00	132			
7:00	143		70%（148℃／7:30）	豆色呈黃色（148℃／7:30）
8:00	153		50%（157℃／8:30）	
9:00	162			
10:00	172			
11:00	181			
12:00	189			第一爆（191℃／12:10）
13:00	200			
14:00	209	0	70%（209℃／14:00）	
14:21	211			停止烘焙

ROAST DATA

烘焙日期：2011年6月14日　13：30
生豆：葉門 Ibbi
烘焙深度：中度微深烘焙
烘焙機：Diedrich IR-3（半熱風3kg）
　　　　天然氣
生豆投入量：3kg
第四批次
室溫27.8℃　濕度48%　晴天

烘焙時的3.75inch WC約為0.93kPa。而烘焙時也幾乎不會去更動瓦斯壓力。在完成烘焙時會關火並開啟排氣閥，好烘焙出不帶煙燻味的純淨口感。

※1 inch Water Column＝249 pascals，3.75inWC約為0.93kPa

由於是柔軟又輕巧的咖啡豆，因此生豆在投入時會占有很大的容積。容易破損，所以會烘焙深到中度微深烘焙為止。

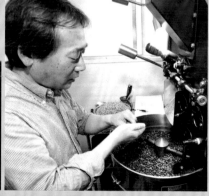

會在烘焙前後手選咖啡豆。葉門咖啡豆會混入大量瑕疵豆，必須要確實將它們剔除。

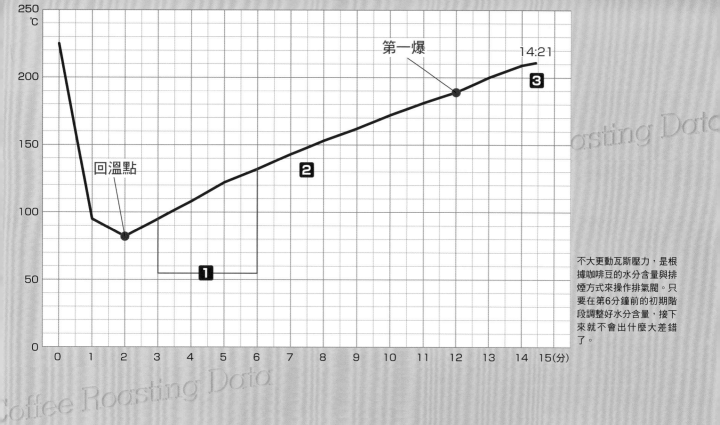

第一爆

14:21

回溫點

不大更動瓦斯壓力,是根據咖啡豆的水分含量與排煙方式來操作排氣閥。只要在第6分鐘前的初期階段調整好水分含量,接下來就不會出什麼大差錯了。

1 觀察第3～6分鐘的升溫情況 確認咖啡豆均勻泛黃的時間

在豆色泛黃的前6分鐘,要順其自然地蒸發水分,讓每顆咖啡豆的水分含量平均。以3分鐘100℃、4分鐘120℃、6分鐘140℃為基準。當大幅偏離基準時,就調整瓦斯壓力。

2 開啟排氣閥 讓銀皮飛出

當豆色泛黃時,就開啟排氣閥讓銀皮飛出。約在1分鐘後讓排氣閥歸位,接著就不需要太多更動。後燃器會在130℃時自動運作。

3 停止烘焙時要關閉瓦斯

他們認為在停止烘焙前,關閉熱源並供給新鮮空氣會讓咖啡變得美味,所以會在關閉瓦斯、開啟排氣閥後,再將咖啡豆排出冷卻。

葉門咖啡豆會依產地而有不同的水分含量,所以停止烘焙的溫度也會有幾℃的差距。會製成滴濾沖泡的單品咖啡販售。

珈琲屋　めいぷる

東京・八丁堀

砥礪自身杯測技術，
藉由捕捉香氣變化的烘焙
傳達精緻咖啡的
魅力所在

設立在東京地鐵「八丁堀」站徒步1分鐘的位置。以古典外貌融合在於該區域中，是讓當地居民和上班族客人倍感親切的休憩場所。還有販賣生豆的松戶店。

打從2004年起，就已經開始當時日本還不熟悉的法式濾壓壺的咖啡萃取。如今還有提供濃縮咖啡。

店內除了咖啡豆外，還有販售店內使用的Bodum法式濾壓壺等萃取工具。

店長関口善也先生打從開始烘焙之際，就接觸過精緻咖啡，並對它的深奧之處深深吸引。現在會和「味方塾」的夥伴一同前往產地採購生豆。

「珈琲屋　めいぷる（maple）」在東京八丁崛設店，如今已過了14個年頭，是一家深入地方民情的咖啡店。位處下町與商業街的交會處，午後的店內空間，充滿著地方家族與鄰近上班族客群的喧嘩聲。儘管是家在菸槍客眾多的商業地區主張「全面禁菸」的咖啡店，但卻以「只需500日圓就能享用好喝的精緻咖啡」這一點討好喜愛咖啡的客群。

該店是以身為使用法式濾壓壺的店家而聞名。開業初期雖是採用濾紙滴濾法沖泡，但在2000年接觸到法式濾壓壺後，店長就以此為契機，將其視為能將上等咖啡豆的美味發揮到最大限度的沖泡法，在2004年時變更使用。

法式濾壓壺是種金屬過濾器，能直接展現出包含咖啡油脂在內的咖啡豆味道。只要使用優質的咖啡豆，就能更加突顯咖啡的美味，但由於會在杯中殘留油脂和粉粒的關係，所以在引進初期，甚至有客人會因此感到困惑。不過，在珈琲屋　めいぷる不斷努力讓客人理解用濾壓壺沖泡的精緻咖啡的好處之下，現在已匯集了眾多忠實顧客。如今，店內還引進了同樣能發揮金屬過濾器優點萃取咖啡的濃縮咖啡機，也同時進行培育咖啡吧檯師傅的培育。

店長関口善也先生是從2001年開始自家烘焙。烘焙機是採用富士咖機（FUJIROYAL）的瓦斯直火式5kg烘焙機。之所以會選擇直火式，是因為當時使用直火式的人數較多，讓他覺得這樣比較容易獲取情報，還有他認為直火烘焙的咖啡比較好喝的關係。現在雖然主要是偏向於半熱風式，但他在試著與使用富士咖機半熱風式烘焙機的同業夥伴互相比較後發現，在採用相同咖啡豆烘焙杯測下，味道其實沒有太大的差異。他表示，「雖說烘焙機的類型會影響到咖啡的味道，但與其計較這點，還不如著重於該怎樣才能熟練操作現有的烘焙機。」

從產地合夥
採購精緻咖啡

関口先生是合夥採購精緻咖啡的社團「味方塾」的成員，會直接前往產地購買生豆。近年來的生豆會特別強調它的品種，但就算是相同品種，品質也會受到氣候、風土或栽培條件影響而有所變化，因此関口先生表示，「最重要的就是要拋開先入為主的觀念，經由杯測來確定咖啡的味道。」比方說，就算同一個莊園或同一個地區生產的咖啡豆，歷年也會有豐收與欠收的時候，一定要每年杯測，鎖定高得分的貨源採購。生豆主要是用真空包裝袋，或是最近開始增加用量的穀袋（Grain bag）運送，而到貨的生豆會保存在專用的恆溫倉庫中。

烘焙深度是根據杯測時的味道決定。這也就是說，杯測評分表會是最為重要的資料。會基於這份資料精準把握咖啡豆的特徵，並以突顯其展現出來的風味為目標。並不是「用烘焙製作味道」，而是要抱持咖啡豆本身就具有味道，是「經由烘焙引出那份味道」的想法。在首次接觸咖啡豆時，務必要烘焙樣品豆，確認適當的烘焙深度。

烘焙會根據香氣變化
確實判斷水分蒸發情況

関口先生在烘焙時最重視香氣的變化，並不怎麼注意咖啡豆的顏色和形狀。這是基於「豆色與香氣不一致的情況很多，但因為香氣卻是源自於味道，所以會保持一致」的想法。在剛開始烘焙的時候，他也一樣會確認豆色和皺褶的變化，但在反覆經歷過有皺褶卻很好喝、明明表皮光滑卻不好喝的體驗後，最後就得到「香氣是源自於味道」這個結論。客人不會去看咖啡豆的外型，而是對裝在杯子裡的咖啡味道做出評價。只要將焦點放在味道上，就不會太過在

咖啡菜單是由法式濾壓壺萃取（法國壓）的綜合咖啡與單品咖啡（Single origin coffee）各7種，再加上濃縮咖啡菜單所組成的。菜單上寫滿了諸如黑巧克力或青蘋果等具體且單純的味道解說，以便於顧客選購。

意咖啡豆的外表與大小是否一致，而是會更加著重於自己該怎樣才能烘焙出好喝的咖啡。他理想中的咖啡，是能感覺到「水果般清爽味道」的咖啡。甘度與酸度呈現絕妙平衡的狀態。

烘焙中必須確認的，具體來說就是160℃左右的香氣。要在脫除穀物般的腥味，散發出芬芳香氣的時機點，提高火力並開啟排氣閥。其關鍵就在於要讓時間的經過與水分的蒸發狀況互相配合，只要在水分適當蒸發的狀態下猛烈提高溫度，要是咖啡豆本身夠有實力的話，就會確實散發出香味。

関口先生自己在開始烘焙時，也覺得水分蒸發是件很難的事，並曾為此煩惱。在烘焙了3年後，才稍微有點了解，而烘焙了6年後，才懂得如何分辨味道。到了此時，他才忽然感受到自己確實進步了。而如今他也依舊勉勵自己要不斷精進。関口先生表示，「提升水平是種連續性的行為。只要累積次數，就能讓咖啡散發出味道。」儘管也會基於過去資料決定烘焙程序，但一般烘焙時，會為了對應咖啡豆當時的香氣而不做任何紀錄。儘管過去也曾有過一邊盯著時鐘一邊烘焙的時候，但這樣可就無法完全對應每天不同的咖啡豆狀態與季節變化了。話雖是這麼說，但関口先生也說到，「一開始，我還是建議要一邊估算時間一邊烘焙。在這樣的過程中，將會親身體會到烘焙的感覺。」

藉由提升杯測技巧
讓烘焙技術也隨之精進

另一方面，他也認為「杯測技巧」遠比烘焙技術來得重要。関口先生只要是烘焙好的咖啡豆都一定會杯測，但對於自己的烘焙必須要有能判斷該如何調整程序的舌頭這一點，則有切身之痛。関口先生表示，「我很幸運地，在開始烘焙之際就與精緻咖啡相遇，接觸到精緻咖啡的魅力所在，也得知名為杯測評量方式。」從那個時候起，他就不斷努力提升自己的杯測技巧。由於當時還沒有SCAJ協會，所以他甚至遠渡到美國的SCAA協會參加講習，不惜一切努力

的學習。在反覆練習的過程中，他從無法分辨味道差異的程度，達到了「能夠理解風味（flavor），並能將各項項目分開思考」的程度。而到了現在，他則是能不動搖基準的與朋友們一起烘焙同款咖啡豆，並藉由COE的評分表進行杯測，刻意地保持「怎樣才算是好喝味道」的客觀觀點做出判斷。將這種行為反應在烘焙作業上，也能有助於提升自己的烘焙技術。

積極地參與講習會
並將新知融會貫通

此外，関口先生還會積極運用自己在業界的關係。「烘焙的世界在過去十分封閉，如今卻也逐漸開放。要是能藉由大量的情報交換，提升精緻咖啡業界的整體水準就好了。」但是，這並不是要大家依樣畫葫蘆，而是必須要在取得的情報上，增添配合自家店面的煙囪高度、烘焙空間等環境因素做調整。関口先生不僅身為SCAJ的烘焙專業委員（Roast Masters），還會參與各項集訓與講習。他會觀察其他烘焙師的烘焙過程並進行杯測，只要覺得好喝，就會積極詢問他所在意之處，將這些新知回饋給自己。和咖啡吧檯師傅不同，烘焙師很難看到其他店家的烘焙手法。因此関口先生表示，「與肯公開情報的人交

流的機會難能可貴，而且還能衍生彼此在往後的交流。」他對於咖啡的相關事物是極為貪心並且真摯的。

関口先生今後也會抱持強烈信念，把精緻咖啡的魅力與美味傳達給眾多顧客。儘管顧慮到客人的喜好，沒有將綜合咖啡從菜單上拿掉，但想要強化以單品咖啡的方式享用精緻咖啡的店家風格，則也是他的真心話。現在平均每月會烘焙400kg，其中有八成是烘焙豆的銷售額。而2007年在千葉縣松戶市開幕的咖啡豆專賣店也大受好評，讓珈琲屋　めいぷる的忠實顧客是越來越多了。

珈琲屋めいぷる
東京都中央区八丁堀2-22-8　內外ビル1階
電話／03-3553-1022
營業時間／10：00～18：30
休假日／週六、日與國定假日
http://www.cafe-maple.com

煙囪

烘焙機採用富士珈機的直火式5kg。店內設有
烘焙空間。每個月維修一次。

煙囪是拉到大樓的4樓。或許是周
遭空間狹小的關係，排氣並不怎麼
通暢，因此排氣閥會設定得比一般
狀況還要開。

珈琲屋　めいぷる的咖啡製作流程

從採購到商品化的流程

購入生豆
只購入精緻咖啡的生豆。會與「味方
塾」的夥伴直接前往產地，合夥購入一
整貨櫃通過杯測的生豆。購得的生豆會
保存在恆溫倉庫中。

樣品烘焙～正式烘焙
初次購得的咖啡豆會進行1kg的少量樣
品烘焙。已經使用過的咖啡豆，則是已
經了解咖啡豆的傾向，因此會直接進行
正式烘焙。

杯測
烘焙後會經由杯測確認有無誤差（參照
右側）。有些會在當天杯測，但大部分
都是在香味更加濃郁的隔天進行。下次
就不會烘焙測試同款咖啡豆，而是根據
杯測結果調整下次的烘焙方式。

預熱

瓦斯全開加熱到270℃。接著，等待溫
度自然下降到100℃後，再次點火加熱
到270℃。然後就這樣等待溫度下降，
在生豆投入溫度的180℃時開始第一
爆。

確認COE的評分表

在確認咖啡味道時，是使用COE評分表仔細做出評價。此時也會確認咖啡在
涼掉過程中的味道變化。溫熱的時候是看風味和酸質，冷卻的時候是看乾淨度
與甘度等等，各溫度下會有不同的觀察重點。其中，口感（Mouthfeel）特別
容易受到烘焙影響而出現差異。同時還要注意是否有明確出現咖啡油。

批次數、投入量

營業時每天都會烘焙。平均每天烘焙
3～10批次。儘管從1kg～5kg不論重
量多少都能烘焙，但基本上每批次烘焙
的量是3kg。

烘焙資料

基本上不會採取標準化流程，但還是會
記錄有關新烘焙的咖啡豆資料。自製資
料表上會記錄溫度上升（180℃前是每
10℃一次、180℃後是每5℃一次）的
時間經過。

會在烘焙時注重香氣變化是該店的特色。特別重視在160℃左右，從水分蒸發階段進展到烘焙階段的時機。這次烘焙的豆子，是自從2001年在COE得標後，就十分中意的「巴西 沙曼巴亞咖啡豆」。

巴西 沙曼巴亞莊園

地區／南米納斯州的
　　　 Santo Antônio do Amparo地區
栽培標高／1000～1100m
品種／黃波旁（Yellow Bourbon）
精製法／巴西式半洗處理（Pulped Natural）

與此莊園往來已久，是烘焙習慣的咖啡豆。特徵是帶有杏仁與巧克力般的風味。

ROAST DATA

烘焙日期：2011年6月7日　14：30
生豆：巴西 沙曼巴亞莊園（Samambaia）
烘焙深度：約為中焙
烘焙機：富士珈機　直火式5kg　天然氣
生豆投入量：3kg
第一批次
天氣　晴天

目標是能稍微帶出此款咖啡豆的風味與質感的「第二爆前的中焙」。在第一爆過後到停止烘焙之前，要仔細調整瓦斯，引導出咖啡豆的風味。

めいぷる的瓦斯壓力表是採用毫米水柱（millimeter of water）表示。1mmAq為0.0098kPa、110mmAq為1.078kPa

時間（分）	豆溫度（℃）	瓦斯壓力（mmAq）	排氣閥（1～10）	現象
0:00	180	110	5	
1:00	117			回溫點（105℃／1:30）
2:00	103			
3:00	108			
4:00	118		7（120℃／4:06）	水分逐漸蒸發
5:00	130			略帶白色，感覺到草腥味
6:00	140			
7:00	149			開始泛黃
8:00	157	210（160℃／8:15）	10（160℃／8:15）	160℃～香氣開始變化
9:00	164			
10:00	173			
11:00	184	100（186℃／11:08）		第一爆（186℃／11:18）
12:00	195	70（196℃／12:10）→50（200℃／12:36）		
13::00	203	0		停止烘焙（203℃／13:00）

※排氣閥1是關，10是全開

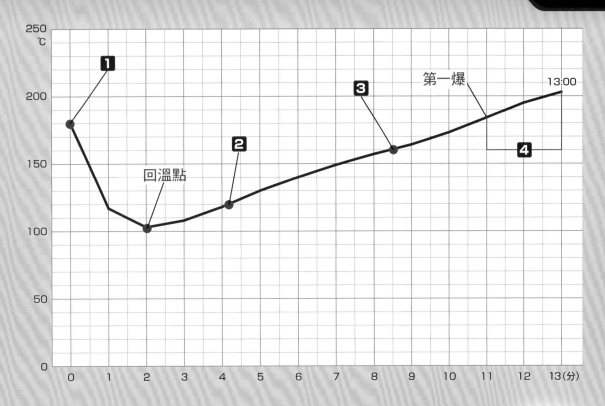

① 投入生豆時的瓦斯壓力 要根據投入量做調整

暖機後，在180℃時投入生豆。取樣時的生豆量為3kg，瓦斯壓力為110mmAq，排氣閥為5／10。瓦斯壓力會根據生豆量做調整。4kg是120 mmAq，5kg則是130 mmAq。

② 在感覺到濕氣後 調整到適中位置

在120℃左右時，把手伸到給料斗上方確認咖啡豆水分蒸發的情況。要是手掌感覺到濕潤，就將排氣閥調到7／10，自然地排出濕氣。豆色會在溫度超過130℃時略帶白色。

③ 當出現芬芳香氣時 就將排氣閥全開

豆色會在160℃左右變成褐色，並散發出芬芳香氣。此時要將排氣閥開得更大。由於該店的排氣不太通暢，因此是開到10／10（全開）。瓦斯壓力也提高到210 mmAq。

④ 以第一爆為基準 調低瓦斯壓力

取樣時是在186℃時開始第一爆。從這時間點起，就要分成3階段逐步縮減瓦斯壓力。這是要藉由延長第一爆後的烘焙時間，發展出更加優質的風味。

「巴西 沙曼巴亞咖啡豆」除了調配成單品咖啡（Single origin coffee）外，還會用在綜合咖啡及濃縮咖啡上。單品咖啡一杯520日圓。

豆色與香氣的變化

120～130℃……水分蒸發
豆色泛白，飄出草腥味。

150℃
咖啡豆開始泛黃，香氣逐漸好轉。

160℃
豆色轉為褐色，變化成芬芳的香氣。

玻利維亞在這數十年間，已成為上等咖啡豆的產地。在標高1600～1800m培育，遠比巴西咖啡豆（第54頁）還要硬質的咖啡豆，可預期結束烘焙的時間會較慢。

玻利維亞 Irupana Micro Lot

地區／拉巴斯省／安地斯山脈的南永嘉仕叢林（LOS YUNGAS）／卡拉納維地區／Irupana市
標高／1600～1800m
精製法／水洗式

栽培場所的標高高、豆質硬。具有優質酸度，同時也兼具甘度。那青蘋果般的清爽風味（flavor）是其魅力所在。

ROAST DATA

烘焙日期：2011年6月7日　15：00
生豆：玻利維亞
烘焙深度：約是中焙
烘焙機：富士珈機　直火式5kg　天然氣
生豆投入量：3kg
第二批次
天氣　晴天

該店的單品咖啡大都傾向中焙，與巴西咖啡豆一樣，目標是在第二爆前結束烘焙。瓦斯壓力會比巴西咖啡豆低，是設定在100mmAq開始烘焙。

時間（分）	豆溫度（℃）	瓦斯壓力（mmAq）	排氣閥（1～10）	現象
0:00	180	100	5	
1:00	118			
2:00	101			回溫點（101℃／2:00）
3:00	105			
4:00	115		7（120℃／4:30）	
5:00	126			
6:00	136			
7:00	144			
8:00	152			
9:00	160	210（163℃／9:30）	10（163℃／9:30）	
10:00	167			
11:00	175			
12:00	186	100（186℃／12:03）		第一爆（186℃／12:03）
13:00	197	50（199℃／13:10）		
13:33	201			停止烘焙（201℃／13:33）

※排氣閥1是關，10是全開

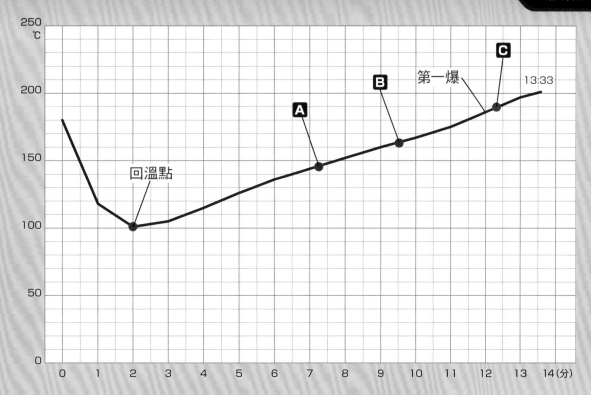

回溫點

第一爆

13:33

在開始第二批次之前，要先讓第一批次烘完後的烘焙鍋暫時降溫，然後再行點火。在升溫到200℃後，就關火等待溫度下降到180℃再投入生豆。

目標烘焙深度儘管與第一批次的巴西咖啡豆相同，但受到初始設定的瓦斯壓力較低，以及咖啡豆的硬度影響，停止烘焙的時機大約會遲30秒左右。此時也一樣，是要用香氣來判斷開始烘焙與停止烘焙的時機。停止烘焙的時機並非是特意延遲，而是在對應香氣變化之下導致的延遲。溫度的上昇率幾乎等同於巴西咖啡豆。而在烘焙後的杯測量表中，玻利維亞咖啡豆在「ACIDTY（酸度）」項目中取得了高分。只會用於單品咖啡上。每杯售價520日圓。

A：144℃

水分蒸發，產生草腥味，並略帶黃色的狀態。

B：163℃

豆色伴隨著芬芳香氣形成褐色。全開排氣閥的時機。

C：195℃

在第一爆完後，咖啡豆會微微膨起，形成深褐色。

從第一爆結束後開始，要不斷地抽出取樣匙，仔細確認香氣的微妙變化。在確認到理想中的香氣後，就從烘焙鍋中取出咖啡豆。

㈱マツモトコーヒー

兵庫・神戸市

以簡單為基礎，
發揮出精緻咖啡的
原始風貌。
引進最新型的熱風式
烘焙機，
做出讓人百嚐不膩的咖啡。

就在去年5月，引進了2台熱風式烘焙機。都是富士珈機（股）製品，右邊為20kg烘焙鍋、左邊為5kg小型烘焙鍋的最新機種「Revolution」。

以全國各地自家烘焙店的生豆批發業務為開端，接著則針對一般咖啡店與餐飲店的烘焙豆販售、咖啡相關機器的販售和調整，並為咖啡店創業人士與咖啡吧檯師傅舉辦講習會、杯測會……等，(株)マツモトコーヒー(MATSUMOTO COFFEE)是一家以各種形式協助人們從事咖啡商務而聞名的公司。

代表董事松本行広先生在1993年創辦了(株)マツモトコーヒー。創業初期位於神戶市街的7坪大店鋪裡，以用中古的3kg烘焙鍋烘焙自家烘焙豆，再將其磨成咖啡粉來販售的店家形式開業。但這之後，他在不斷嘗試烘焙方式和精進咖啡學識之下，最後為了尋求更高品質的美味咖啡而前往咖啡產地。

10年前，他最早前往的咖啡產地是印尼。據說當時他對於自己在日本學習到的咖啡栽培與精製的知識，居然與在當地看到的做法完全不同這一點感到吃驚。當時還是精緻咖啡的萌芽階段，離追求高品質的生產還有一段不小的距離。而從那之後過了10年，現在已經

演變為會到世界各個產地採買生豆，並提供顧客優質的精緻咖啡。

松本先生現在每年會造訪各國產地5～6趟。交易對象主要是當地的出口商，大都是根據現場杯測的結果來決定是否採買生豆。松本先生表示，「當然，這還是會考慮到銷售對象的用途與嗜好，不過我會在現場要求喝他們最好的咖啡豆。藉由現場購買建立出信賴關係，這樣下次我方有什麼要求，對方也都會答應了。」

(株)マツモトコーヒー所經手的生豆，能夠用冷凍貨櫃運送或是採取真空包裝袋包裝，有很多都是基於這層信賴關係才得以實現的。

此外，抵達日本的每款咖啡豆都會進行檢驗，就連恆溫倉庫的保管空間，也都會要求要放置在溫度更加穩定的位置等等，徹底落實品質管理。而在認同他們的生豆品質良好，並贊同他們如此處理方式的生豆批發對象當中，據說還有不少知名老店和人氣咖啡店存在。

松本行広先生是在咖啡業界已有35年年資的專業人士。每年會前往產地採購5～6趟。此外，還會積極邀請交易對象的自家烘焙店前往產地訪問，以盼能共同提供客人更加優質的咖啡。

保持一定的升溫速度
在較短時間內完成烘焙

松本先生經常接受他人工作與烘焙方面的相關諮詢，不過他的想法卻非常單純。他表示，「前來諮詢的人，很多都是因為過於追求百分百的美味而在自尋煩惱，所以我最近會刻意要他們別把烘焙想得這麼難。」

特別就精緻咖啡而言的話，因為原料使用得好，所以就算用一般的方法烘焙就會很好喝了。不需要像以往那樣，必須用烘焙手法填補咖啡的瑕疵味道。所以就連(株)マツモトコーヒー，也都會用心採取能發揮原料原有風味的樸實烘焙。

具體來講，就是讓過回溫點後的升溫速度在某種程度內保持穩定，並在第一爆後適當排氣以完成烘焙。烘焙時間感覺會比較短。只不過，松本先生有時也會給予「高地產的硬質咖啡豆在用某些烘焙機烘焙時，升溫速度會在途中減緩，因此要加強火力」之類的建言。此外，升溫速度還會因咖啡豆的硬度、水分含量和熟度而有所不同，因此他在自家公司烘焙時，會留意各咖啡豆的差異之處，待測量好生豆的水分含量後才會進行烘焙。

他在自家公司烘焙的批發咖啡豆，理所當然地會配合顧客的型態與要求進行烘焙。而在這個過程中，松本先生本身偏好的是「能感受到原料本身帶有的純粹酸質的咖啡」。據說他在採購生豆的判斷中也會特別重視這個部分。

店內除了零售烘焙豆與咖啡器具外，還有販賣液體咖啡（Liquid Coffee）與掛耳式咖啡（Drip Bag Coffee）等加工商品。假如生豆的批發對象想販售加工商品，

這是在肯亞奇查芬尼處理廠（Gichathaini factory）的採收畫面。基於長年建立的信賴關係，讓我們可向對方提出專有的精製與運送方式。

既然咖啡好喝，就希望客人能大量飲用

另一方面，該公司的烘焙機也在去年5月全部更新。將過去5kg與10kg的半熱風式烘焙機，替換成熱風式的5kg與20kg烘焙機。不容易出現煙味和焦味，以及能輕易地給予生豆穩定熱能這點，雖然也是選用的理由之一，但他特別留意到的，還是想強調那唯有熱風式才能烘出的容易入喉的味道。

松本先生表示，「走一趟美國的咖啡店，會發現大家都是咕嚕咕嚕地喝著咖啡。如今已是能取得美味咖啡的時代，所以我想，差不多是該更進一步，讓客人大量飲用的機會了。當然，像講究美味的咖啡店那樣，用一杯強烈美味的咖啡讓客人滿足也是有其道理。不過，我想讓客人能輕鬆地爽快喝掉好幾杯咖啡，而也就是為了製作這種咖啡，才會選擇熱風式烘焙機。」烘焙豆的批發對象，也有類似辦公室之類的客戶，而對這些每天飲用的人來說想讓咖啡成為更加親民的飲料，則是松本先生的想法。

現在，20kg烘焙機主要是用來烘焙綜合咖啡等的主要用豆，還有負責液體咖啡（Liquid Coffee）等加工商品的烘焙。而另一台5kg烘焙機，是引進富士珈機（股）的最新機種「Revolution」。

熱風機的特徵，是利用熱風溫度、風量與圓筒轉速等因素在控制烘焙溫度，從低溫到高溫，能夠烘焙的溫度範圍廣闊。再加上Revolution是將熱風溫度、豆溫度與排氣風量等有關烘焙程序的要素，全面數據化進行控制，只要輸入資料，就能隨心所欲地控制從回溫點到完成烘焙時的溫度變化。甚至還能依照自行輸入的烘焙模式，進行全自動烘焙的烘焙機。

輸入烘焙模式，比方說就像「要吹出幾度的熱風讓豆溫度達到160℃」的設定。可將烘焙過程分成4階段進行設定，並且採用PID控制器在控制熱風輸出。這用開車來做為例子會比較容易理解。

舉例來講，當以時速80km為目標速度時，一旦速度逼近80km，人就會自然而然地減緩加速，而自動進行這種操作的就叫做PID控制。

一般的熱風機要讓豆溫度達到160℃時，會提供生豆高出必要的熱風溫度，但Revolution卻能提供生豆適當的熱風。可藉此對生豆避免產生多餘的負擔，就算深焙也不會有強烈苦味，製作出容易入喉的咖啡。

還會與銷售對象的自家烘焙店長組團前往產地

マツモトコーヒー對Revolution設定了淺焙與深焙這2種烘焙模式，並以此為基礎，根據豆質差異與烘出不同味道的烘焙手法，微調設定內容。

該公司的烘焙師上野真人先生表示，「只要設定好，基本上就算什麼事都不做也一樣能烘焙出美味咖啡，不過現在會嘗試用各種加熱方式與設定烘焙，驗證味道會產生怎麼樣的變化。」他和曾參與Revolution開發作業的「樽珈屋」（P72）的大平洋士先生一同驗證，並且共享彼此的驗證結果，這對烘焙經驗尚淺的上野先生來講，能和烘焙老手的大平先生一同驗證烘焙過程，誠屬難能可貴。

松本先生表示，「5年前我都還是一個人在烘焙，如今則是交給2名成員去做了。雖然基本上已經教了他們簡單保持良好均衡的技巧，但最重要的，還是透過經驗所學習到的東西，畢竟他們總有一天也要擔任他人的烘焙指導。」他還認為，想要提升烘焙能力，最重要的就是要理解烘焙機的特性並加以熟練。

最近，松本先生實際體會到希望開業者的諮詢突然增加了不少。當中也有不少人會問：「這樣真的沒問題嗎？」他希望對方能在開店後長久經營，也希望對方能夠使用自己採買的優質生豆。所以，他有時也會發出嚴厲指責，而在交易的時候，則是會想與對方建立親密關係。

近年來，他還積極舉辦與交易對象的自家烘焙店長一同前往產地採買的活動。這種偕同前往的活動，據說還能改變店長對咖啡的認識，給予他們不錯的影響。而松本先生的心願，也就是藉此與夥伴們一同成長，推廣高品質且美味的咖啡魅力。

（株）マツモトコーヒー
兵庫県神戸市兵庫区切戸町1-9
電話／078-681-6511
http://www.matsumotocoffee.com

排氣風扇與冷卻風扇各自
獨立。煙囪是拉設到屋頂
上方。店面位於臨海地
區，上午和下午會因風向
變化而改變排氣方式，因
此還會藉由開窗等方式調
整烘焙室的空氣流通。

「Revolution」主要用來烘焙少量生豆與單品咖啡。最新的熱風控制
系統讓咖啡豆就算深焙也不帶苦味，製作出容易入喉的咖啡。

還會記錄每批次的烘焙資料（左側照片）。畫面下方的「ローストカーブ（烘焙曲線）」，
是表示現在烘焙中的生豆升溫率。每4秒會計算一次溫度記錄，藉此得出上升率的值。右側
照片是烘焙模式的顯示畫面。可輸入要用幾度的熱風讓豆溫度提升到幾度。烘焙中還可微調
排氣風扇。

標準化設定與烘焙中的修正操作，
都是用觸控液晶面板集中管理。還
可與電腦連接，輸出資料進行管
理。

使用自動烘焙時，烘焙機會在預定的停止烘焙
溫度下，自動排出咖啡豆。

Revolution的特徵

即使只有1kg也同樣穩定的熱風烘焙
藉由控制熱風與圓筒轉速保持穩定的烘焙溫
度，從低溫到高溫，可進行烘焙的溫度範圍
很廣，因此連少量烘焙也能保持穩定。隔熱
殼體也降低了外部空氣的影響。

將烘焙數據化＝高重現性
預熱、回溫點，以及接下來的溫度上升到結
束烘焙的溫度，全都可用數據加以控制，另
外還可記錄當時的烘焙模式。烘焙模式從
1kg～5kg，可各自輸入20種設定，總共紀
錄100種模式。

肯亞咖啡豆是松本先生所偏好的咖啡之一。當中特別是以奇查芬尼處理廠（Gichathaini factory）的水洗咖啡豆具有特出的風味。這次也兼以杯測為目的，用強調風味（flavor）的2種淺焙烘焙法驗證味道。

肯亞奇查芬尼處理廠

工廠所在地／肯亞中部省尼耶利縣的Mathira地區
產地標高／1600m
收成／2010～2011年
品種／SL28、SL34
規格／AA

屬於高地產的波旁系雜交品種，帶有柑橘系的香氣，並且還能感受到濃厚感。取樣時的水分含量約為10％，是果實豐厚並略帶綠色的咖啡豆。

ROAST DATA

烘焙日期：2011年6月2日
生豆：肯亞　奇查芬尼處理廠
烘焙機：Revolution（熱風式5kg）
　　　　天然氣
生豆投入量：3kg
批次數：A為第二批次　B為第四批次
天氣：晴天

A

前半段的升溫率是以8～9℃升溫，烘焙時間大約比B多了1分多鐘。完成的味道證實會多少帶點柔和感。爆的聲音也會稍微比較悶一點。

烘焙時間(分)	豆溫度(℃)	熱風溫度(℃)	烘焙曲線(℃／分)	現象
0:00	172	198		
1:00	110	198	-62	
2:00	98	199	-12	回溫點(97℃)
3:00	103	200	5	
4:00	112	201	9	
5:00	121	207	9	
6:00	129	227	8	
7:00	138	244	9	
8:00	147	263	9	
9:00	156	282	9	
10:00	165	300	9	
11:00	175	300	10	
12:00	183	306	8	第一爆
13:00	190	308	7	
14:00	196	307	6	
14:29	199		3	停止烘焙

烘焙時間(分)	豆溫度(℃)	熱風溫度(℃)	烘焙曲線(℃／分)	現象
0:00	177	200		
1:00	113	201	-64	
2:00	102	201	-11	回溫點(101℃)
3:00	107	202	5	
4:00	116	203	9	
5:00	126	210	10	
6:00	135	228	9	
7:00	144	247	9	
8:00	153	266	9	
9:00	162	295	9	
10:00	172	299	10	
11:00	182	307	10	第一爆
12:00	190	308	8	
13:00	196	306	6	
13:34	199.6		3.6	停止烘焙

B

按照該店的淺焙標準，強調咖啡酸度與風味的烘焙方式。在160℃左右提高熱風溫度，讓酸度與質感在第一爆前確實形成。

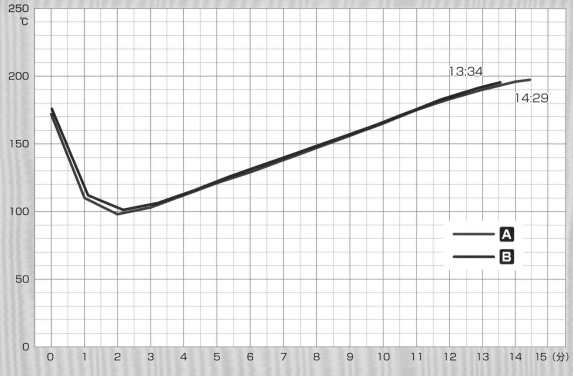

溫度會在經過100℃的回溫點後平穩上升，然後在第一爆過後減緩溫度上升。要引出上等肯亞咖啡豆的清爽酸質與優質香氣。

13:34

14:29

A

B

預熱方式也能用數據輸入，可從第一批次開始營造理想的烘焙鍋狀態。此外，Revolution還具有輸入熱風溫度、風量、排氣量與圓筒轉速等數值，藉此降低目標回溫點溫度的「回溫點控制系統」，能夠進行高重現度的烘焙作業。

PID控制假如在第一爆前的9～10分鐘結束，熱風溫度的風量就會稍微改變，因此要將風速計伸到取樣匙口前，確認排氣量的變化。用風扇給予適當的修正值。

中途還能進行更改設定的導覽操作。也能根據咖啡豆狀態與溫度變化做更動。

在接近預定溫度後，就要抽出取樣匙，全面性地確認豆色、香氣、皺褶和膨脹度等。要抱持過去優質烘焙時的印象，判斷出咖啡豆的適當狀態，然後排出烘焙鍋。

烘焙好的咖啡豆會在當天杯測，量多的時候甚至會杯測20種以上，確認是否有烘焙出想要的味道，以及基於該批咖啡豆或各款咖啡豆的特性所導致的差異性等，當感到異狀時就會進行驗證。

即使烘焙的同樣是肯亞咖啡豆，但風味特性卻是完全不同的3種咖啡。採取烘焙時間較短的中度微深烘焙，並進行杯測。驗證在精緻咖啡之中，也屬特別高級的咖啡豆的味道和風味。

烘焙時間(分)	豆溫度(℃)	熱風溫度(℃)	烘焙曲線(℃／分)	現象
0:00	180	200		
1:00	115	201	-65	
2:00	103	201	-12	回溫點(103℃)
3:00	109	202	6	
4:00	118	202	9	
5:00	127	213	9	
6:00	136	230	9	
7:00	145	250	9	
8:00	154	268	9	
9:00	163	287	9	
10:00	173	303	10	
11:00	183	308	10	第一爆
12:00	191	307	8	
13:00	197	306	6	
13:18	199.3		2.3	停止烘焙

肯亞 佳杜雅處理場

工廠所在地／肯亞中部省基里尼亞加縣 Urawa地區
產地標高／1538m
收成／2010-2011年
品種／SL28、SL34、Ruiru 11（SL99％）
規格／AA

ROAST DATA

烘焙日期：2011年6月2日
生豆：肯亞 佳杜雅處理場
烘焙機：Revolution（熱風式5kg）
生豆投入量：3kg
第六批次
天氣：晴天

是在地區有別於其他2種咖啡豆的里尼亞加縣（Kirinyaga）精製，酸味的感覺會有些柔和。
讓人感受到宛如蘋果般的風味（flavor）。考慮到水分含量與咖啡豆的硬度，溫度進展會比其他2種咖啡豆稍微快一點。

肯亞 卡蘭提娜處理廠

工廠所在地／肯亞中部省尼耶利縣的Mathira地區
產地標高／1770m
收成／2010-2011年
品種／SL28、SL34、Ruiru

ROAST DATA

烘焙日期：2011年6月2日
生豆：肯亞 卡蘭提娜處理廠
烘焙機：Revolution（熱風式5kg）
生豆投入量：3kg
第三批次
天氣：晴天

焙煎時間(分)	豆溫度(℃)	熱風溫度(℃)	烘焙曲線(℃／分)	現象
0:00	176	197		
1:00	113	200	-63	
2:00	101	202	-12	回溫點(100℃)
3:00	106	203	5	
4:00	115	204	9	
5:00	124	218	9	
6:00	134	236	10	
7:00	143	256	9	
8:00	152	274	9	
9:00	162	293	10	
10:00	172	306	10	
11:00	181	307	9	第一爆
12:00	189	307	8	
13:00	194	309	5	
13:40	198.8		4.8	停止烘焙

能特別感受到肯亞咖啡豆的清爽酸味，並帶有種柑橘或粉紅葡萄柚印象的風味。

烘焙時間（分）	豆溫度（℃）	熱風溫度（℃）	烘焙曲線（℃／分）	現象
0:00	179	203		
1:00	114	202	-65	
2:00	102	201	-12	回溫點（102℃）
3:00	108	202	6	
4:00	116	202	8	
5:00	125	211	9	
6:00	134	230	9	
7:00	142	248	8	
8:00	151	267	9	
9:00	160	286	9	
10:00	170	304	10	
11:00	180	306	10	第一爆
12:00	189	308	9	
13:00	194	307	5	
13:44	198.9		4.9	停止烘焙

肯亞 卡洛圖處理場

工廠所在地／肯亞中部省尼耶利縣的Mathira地區
產地標高／1700m
收成／2010-2011年
品種／SL28、SL34
規格／AA

ROAST DATA

烘焙日期：2011年6月2日
生豆：肯亞 卡洛圖處理場
烘焙機：Revolution（熱風式5kg）
生豆投入量：3kg
第五批次
天氣：晴天

為維持咖啡豆的高品質，從栽培到精製，都徹底執行了技術指導。用較為柔和的酸味完成清淡口感。

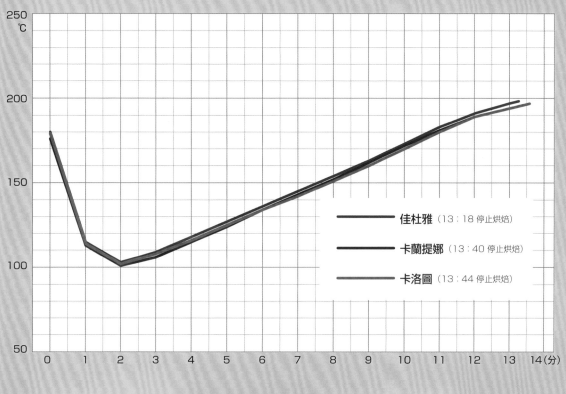

佳杜雅（13：18 停止烘焙）

卡蘭提娜（13：40 停止烘焙）

卡洛圖（13：44 停止烘焙）

依照該店基本的淺焙標準化流程烘焙。施予熱風的方式就算有些許變動，烘焙曲線也大都依循相同的上升線變化，可完成高重現性的烘焙作業。

10-11年收成的咖啡豆為了保持品質，所以嘗試使用冷凍貨櫃與真空包裝袋運送。

產於高標高地區，兼具熟度與硬度的肯亞咖啡豆，其特有的酸味與風味，就算盛於杯中也依舊感受得到。是在精緻咖啡之中，能夠以88分以上杯測分數為目標而採買的咖啡豆。

COFFEE TERMINAL
コーヒーターミナル

神奈川・橫濱市

心目中的咖啡
是要清爽卻帶有濃韻感
「宛如高湯般」的味道。
借助培育而來的專門
知識與味覺，
展開特有的商業活動。

可隔著玻璃從咖啡店空間窺見烘焙室的情況。店面零售的咖啡多達20種以上，還提供了每月更換的店家推薦咖啡。

在烘焙機大廠企業任職23年的森裕先生，是在2008年，於橫濱市都筑區的新興住宅區中創立COFFEE TERMINAL。該店基於「要將世界各地的咖啡美味，以各式各樣的型態傳達出去」的想法，展開了烘焙豆的批發、零售、網路販售、咖啡店經營，以及講習會與諮詢的多角化事業。一如店名，目前正以將咖啡美味用綜合性方式傳達出去的「Terminal（終端機）」活躍著。

主要業務「批發販售」是將提供買家重視品質與美味的咖啡列為第一優先，並配合咖啡店和餐廳等販售對象的個性與需求，進行烘焙與調配作業。經手的咖啡豆種類要是太過繁雜，就會導致效率低落，無法及時提供買家新鮮商品，因此大約只會採購13種生豆。這些生豆會從中度微深烘焙到深中深度烘焙，分成3階段的烘焙深度進行烘焙，而每一階段的烘焙深度，又會根據色調差異再分成3種。COFFEE TERMINA是藉由這些組合搭配，提供各販售對象符合他們所需的獨創咖啡。

森先生原本就在上一份工作中經手過咖啡店與餐飲店的經營，甚至還有過業態開發的經驗。他曾參與過濾紙沖泡咖啡（Paper Drip coffee）專賣店的創立，並留下讓店家獲得超高人氣的實績。此外，他還在任職期間取得了數張咖啡相關證照。他儘管為了熟知咖啡的世界而不斷累積學識，但他之所以想要自立門戶，則是基於某個重大契機。

「Bach Kaffee」的味道是他自立門戶的契機

森先生表示，「在上一份工作中，每當我參加要決定新咖啡供應業者的設計比賽時，都會發現輸給注重品質的自家烘焙店的次數是越來越多。這讓我沉痛感受到，比起低價量產的咖啡，人們對於美味咖啡的需求是越來越強了。」對手在設計比賽中勝過我的咖啡究竟是什麼味道啊？懷抱著如此心念，森先生喝下了各式各樣的咖啡，也試著造訪那些自家烘焙店。當中最讓他感到衝擊的，是從全國各地吸引了眾多咖啡迷，店面位在東京南千住的名店「Bach Kaffee」的咖啡。我也想要端出這種咖啡來！這樣銷售對象、甚至是銷售對象的顧客，也一定都會很高興的！……就是這種感受促使他自立門戶。

在開業之前，他還向「Bach kaffee」的店長——田口護先生徵詢意見，此舉也讓他發現到，他們在咖啡與經營方面的想法上有許多共鳴之處。而在他徵詢意見的過程中，烘焙機也決定選擇田口先生曾參與開發、Bach Kaffee也有使用的大和鐵工所（股）的「Meister-10」（半熱風10kg烘焙鍋）。

藉由高度精密的排氣調整烘出「宛如高湯般」咖啡

在配合買家的嗜好與用途供應咖啡之餘，森先生自己也在追求一種咖啡味道，那就是藉由濾紙滴濾法自然萃取，媲美「一番だし（第一道熬出的高湯）」的咖啡。乍看之下會覺得味道好像很淡，但卻帶有確實的濃韻感，讓人感受得到原料的原始風味，所以他在烘焙時也會朝著實現此印象的方向進行。

為了保證買家能收到新鮮咖啡，該店的烘焙作業基本上是每天進行，每批次的生豆投入量也限定在1～10kg之間做少量烘焙。烘焙8kg生豆的烘焙時間大致上為20分鐘。烘焙的基本觀念，是一邊用慢火烘烤，一邊避免在第一爆後積蓄煙氣，藉由徹底排氣完成鮮明且帶有濃韻感的味道。

Meister烘焙機的烘焙鍋具備優秀的隔熱性能，能夠穩定鍋內流通的空氣溫度。此外，還將變頻控制風扇與排氣閥這2種排氣系統做為標準配備，藉由控制排氣擴展味道的展現領域，而這點也很適合用來製作森先生心目中的咖啡

森裕先生總共持有4張咖啡相關證照。他會擔任咖啡相關事務的講師，並參與自店舉辦的講習會，以各式各樣的型態傳達咖啡的魅力。逐步朝向實現咖啡「終端機」的方向邁進中。

Soft Blend　399日圓

採用HARIO的圓錐濾紙萃取。用1人份15g咖啡粉萃取出140cc的咖啡，以第一泡熱水快速萃取，沖泡出容易入喉且味道十足的咖啡。會裝在玻璃製的咖啡壺裡提供客人享用。

味道。再者，排氣風扇的轉速以及要在幾度時達到多少排氣量等等，也都可在事前透過觸控液晶面板設定並自動操作，因此能根據數據烘焙出高重現性的咖啡，而這也是這台烘焙機的特色之一。

在實際烘焙時，每種生豆投入量的投入溫度與瓦斯壓力都是固定的。在烘焙8kg生豆時，會在180℃投入，並將排氣風扇降速到1000rpm。在從開始烘焙算起的第4分鐘前，要全開風扇1分鐘，排出銀皮與烘焙鍋內部的蒸氣。接著，要在第一爆來臨的186℃下，將排氣量提高到1400rpm，並在198℃時，再次提高到1700～1800rpm。

會在停止烘焙的階段切換成手動操作，一邊留意停止烘焙的預定溫度，一邊不斷地抽出取樣匙確認咖啡豆的狀態。在與樣品豆的對比之下，同時估算色澤與樣本相仿的時機排出咖啡豆。而在烘焙豆冷卻的這段時間，會手選剔除當中的瑕疵豆，並且確認烘焙完後的咖啡香氣。每一批次烘焙的火力與風量設定，以及當時的溫度進展和氣溫等，都會留下詳細的資料紀錄。這能在因烘焙而導致味道變調的時候發揮功用。

另一方面，在提供美味咖啡的大前提之下，COFFEE TERMINAL會徹底落實生豆的手選，無關品質與種類地做全面性處理。當天要烘焙的咖啡豆會在前一晚完成手選作業，依照烘焙時的順序放入各咖啡豆的容器中。就算是瑕疵豆含量僅有幾％的上等咖啡豆，也一樣會把感到異狀的咖啡豆盡數剔除。

該店雖然是以頂級咖啡（Premium Coffee）為主要商品，但在細心的手選作業下，頂級咖啡也能變得更加美味，而這也就是他們能用適當價格販售美味咖啡豆的主要原因。

會到買家的店面親自點購確認咖啡的味道

為提供美味咖啡，森先生不僅重視烘焙與品質管理，還會注重與買家間的密切關係。而他會定期拜訪買家的店面，親自購買咖啡來確認味道，也是基於這個原因。拜訪是每2週1次，而關西方面的買家則是每2個月走一趟。

「咖啡在被前往買家店面的顧客喝下去之前，責任都在自己身上。」如此表示的森先生，會到店家確認他們萃取咖啡的方式，以及看他們有沒有在販售預先做好的咖啡，他不時還會細心地指導現場的工作人員。如果是販賣濃縮咖啡的店家，他還會承包咖啡豆的熟成作業，檢查濃縮咖啡機的狀況，並且觀察店舖的型態與經營方式，在現場接受店家的各種諮詢。

森先生表示，「我想讓販售對象的店家，覺得自己就像是擁有一座自營工廠或指定工廠一樣。而我也是基於想法在做售後服務的。」活用上一份工作所培育的經驗與專門知識與買家建立信賴關係，另一方面，藉由前往買家店面確認咖啡味道的行為，還可以回饋學習到該如何調整自己的烘焙手法、咖啡豆的調配以及發送的時機，並不僅止於確認烘焙完後的味道，還要確認在現場喝到的最終味道，藉此將能製作具有更高精度的咖啡出來。

「開業3年，才覺得自己總算是拿掉初學者的標籤了。」在開業之前幾乎沒有過烘焙經驗的森先生回顧說道。可藉由自動控制進行高效率的烘焙作業，也是Meister烘焙機的特色之一，就連初學者也能完成一定等級的烘焙，但也有許多事情是要親自烘焙過才能夠了解。

舉例來說，他曾實際感受過，溫度進展與咖啡豆狀態在季節轉變下的變化。也曾經體驗到，或許是因為場地特性，而導致排氣效率在颳大風的日子裡變得不良的情形。此外，他也曾試著用最弱的火力進行烘焙，畢竟，他認為必須要經歷過各種嘗試，才能夠理解烘焙手法與完成味道之間的關係，究竟是怎樣變化的。

在這樣經驗累積下，他現在甚至清楚火力該隨著季節做何種程度的變動，並且實際進行調整了。此外，他最近在烘焙後半段時，還會將排氣調得比往常稍微減弱，驗證味道會產生何種變化。而森先生的目標，也就是在這樣提升自我烘焙技術的過程中，讓自己的咖啡事業能夠更上一層樓。

COFFEE TERMINAL
神奈川県横浜市都筑区葛が谷14-7 1F
電話／045-948-5935
營業時間／9：00～19：00
休假日／週日
http://www.coffee-terminal.com

塗上紅色塗裝的大和鐵工所（股）「Meister-10」。排氣是烘焙與冷卻各自獨立，考慮到對周遭環境的影響而裝設有後燃器。

煙囪是拉到屋頂上。場地位在容易起風的位置，一旦碰到刮大風的日子，排氣效率就會顯得低落。

調節瓦斯壓力的調節桿，從關閉到全開為止可轉動7次，因此易於做細微調整（左圖）。右圖是副排氣閥的香氣感測器（Aroma Meter）。可藉由變頻風扇與香氣感測器這2種排氣調節系統，完成高精度的烘焙作業。

可用觸控液晶面板確認各批次的烘焙程序。烘焙時的各個時機點，也都可分別設定排氣風扇的轉速，達到簡化烘焙作業的效果。

COFFEE TERMINAL的咖啡製作流程

預熱

①在排氣風扇為1000rpm、瓦斯壓力為1.2～1.4kPa的設定下，將排氣溫度提高到275℃。②升溫後，將風扇轉速設為1900rpm，打開排出口讓豆溫度下降到140℃。③在140℃的警告鈴響起後，就以烘焙時的火力與風量設定升溫到投入溫度。Meister烘焙機在烘焙鍋的隔熱性能上下了一番功夫，只要在預熱時讓鍋內充分受熱，那從第一批次開始就能輕易地穩定烘焙溫度了。

烘焙行程

烘焙作業每天會在中午前進行5～10批次。烘焙鍋會在預熱時充分受熱，因此像深中深度烘焙等需要深焙的咖啡豆會放在第一批次烘焙。烘焙量大的時候，一天約會烘焙50kg。是在買家下訂後開始烘焙，為頻繁地供應新鮮咖啡豆，每批次的烘焙量會限制在1～10kg之內。每2個月會清理一次通風管與集塵器。

手選（Handpick）

生豆的手選作業會不分種類的全面性施行。當天要烘焙的生豆，會在前一天晚上完成手選，依照烘焙時的順序放入各咖啡豆的容器中。就算是僅含有幾％瑕疵豆的精緻咖啡豆也一定會進行確認，藉此讓優質生豆成為更加美味的咖啡。第二次手選會在冷卻烘焙豆時進行，剔除掉當中的未熟豆與焦黑豆。

烘焙環境

烘焙室除裝設有供氣風扇外，還會在烘焙時開窗讓空氣流通。為使環境條件一致，會經常保持一定開窗的幅度。

烘焙是在買家下訂後才開始的頻繁作業，因此該店儘管是用10kg烘焙鍋，也一樣是從最小的1kg生豆量開始烘焙。接下來要介紹據說是夏威夷科納最高品質的Extra Fancy咖啡豆烘培。

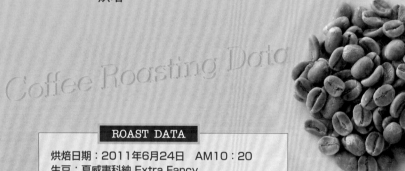

Coffee Roasting Data

夏威夷科納　Extra Fancy

地區／美國　夏威夷島科納地區
栽培標高／400～600m
品種／阿拉比卡豆
篩網大小／19UP
精製法／水洗（Greenwell處理廠精製）

指定進口著名的Greenwell處理廠的咖啡豆。在當地使用各種磨粉機研磨後，覺得Greenwell的咖啡豆最好，所以購入使用。

ROAST DATA

烘焙日期：2011年6月24日　AM10：20
生豆：夏威夷科納 Extra Fancy
烘焙度：中深度烘焙（City Roast）
烘焙機：Meister-10　半熱風式10kg　天然氣
生豆投入量：1kg
第七批次
室溫35.3℃　濕度58%　晴天

瓦斯壓力為0.55kPa，香氣感測器固定為7，控制排氣風扇改變後半的溫度變化。這是1kg的少量烘焙，因此烘焙時間僅有14分30秒。

烘焙時間	豆溫度（℃）	排氣溫度（℃）	送風風扇（rpm）	現象
0:00	170		1000	
1:00	128	195		回溫點（125℃／1:30）
2:00	127	202		
3:00	134	208	2300（3:00～4:00）	
4:00	142	203	1000	
5:00	150	210		
6:00	157	215		
7:00	163	219		
8:00	169	223		
9:00	174	226		
10:00	180	228		第一爆（181℃／10:07）
11:00	185	230	1200（186℃）	
12:00	189	231		
13:00	193	232		
14:00	199	233	1500（198℃）	
14:30	202	231		停止烘焙

※rpm＝每分鐘的風扇轉速

當生豆投入量為8kg時

生豆投入量為8kg時，烘焙時間約為20分鐘左右。大致會依照以下設定進行8kg烘焙。與上述的1kg烘焙相比，會調整瓦斯壓力設定、風扇風量以及送風的時間帶。

投入溫度180℃（豆溫度）、排氣風扇為1000rpm
全開送風：2300rpm（4：00～5：00）
第一爆送風：1400rpm（186℃）
第二爆送風：1700～1800rpm（198℃）
瓦斯壓力：1.0kPa／香氣感測器7

Coffee Roasting D

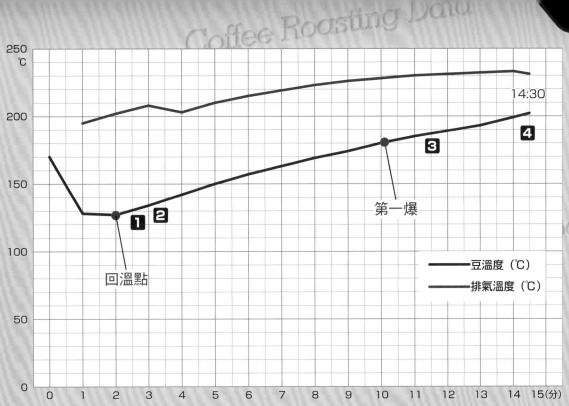

回溫點

第一爆

14:30

——— 豆溫度（℃）
——— 排氣溫度（℃）

在從回溫點到150℃左右，要以每分鐘8℃的升溫基準進行烘焙。之後，烘焙曲線會逐漸減緩為每分鐘7～5℃，製作出口感滑順且風味十足的咖啡。

1 點燃後燃器、確認瓦斯壓力

在2分45秒時點燃後燃器。因為會使用大量瓦斯，所以要稍微降低烘焙機的瓦斯壓力。在點燃瓦斯噴燈後，一定要記得確認烘焙機的瓦斯壓力，調整為適當數值。也別忘了確認瓦斯的焰色與搖動方式。

2 風扇全開

在第3分鐘到第4分鐘的1分鐘內，要將排氣風扇設為全開的2300rpm，排出烘焙鍋內的水蒸氣與銀皮。3～6分鐘的升溫曲線要以每分鐘8℃為基準。

3 慢慢調高風量

在第一爆的186℃時將排氣風量設為1200rpm，並在198℃時將風扇風量再次提高到1500rpm。藉由徹底的排除煙氣，完成容易入喉且帶有濃韻感的咖啡。

4 停止烘焙時要配合爆音與色調

警告鈴會在198℃的第二爆送風開始時響起。在按下「烘焙判斷」的按鈕後，接下來到停止烘焙為止的過程就會轉為手動操作。一旦溫度接近停止烘焙的預訂溫度，就要準備好做為樣本的烘焙豆。一邊確認第二爆的爆音，一邊不斷地用取樣匙取出咖啡豆，與樣本豆的色澤與質感做比較。然後估算色澤相符的時機點打開排出口。

淺焙的夏威夷科納咖啡豆會給人一種很酸的印象，但該店的中深度烘焙就算涼掉了，也依舊會殘留一股甘甜與風味良好的酸味，味道也能確實浮現出來。

中深度烘焙基本上會在第二爆開始後沒多久停止烘焙。而在冷卻烘焙豆時，要一邊手選一邊確認烘焙完的香氣。

樽珈屋 たるこや

兵庫・神戶市

不會過焦、也不會太生，
讓咖啡豆的纖維
漂亮地均衡展開。
藉由重重驗證的烘焙手法
建立長年的優秀評價。

曾有17個座位的咖啡店空間逐漸縮減，最後在2年前完全轉換成咖啡豆專賣
店。考慮到出入方便，就拆掉隔間營照出一個開放式的氣氛。

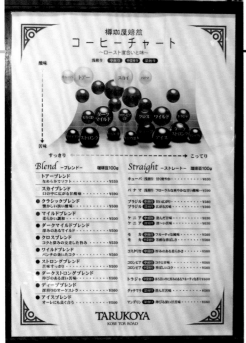

菜單上刊登了列有各項商品的烘焙度與味道傾向的圖表，可在詢問顧客偏好口味、推薦商品時派上用場。

有販售原創的掛耳式咖啡包。配合烘焙度與咖啡豆種類準備了3種口味。特調冰咖啡也很受歡迎。

大平洋士先生曾在「珈專舍たんぽぽ」等自家烘焙的咖啡店任職，並於20年前自立門戶，是具有35年經驗的烘焙老手。他表示，「現在這個時代，不論是精緻咖啡的情報還是人際關係都十分開放。這相較於過去，還真是叫人難以想像的變化。」

「樽珈屋TARUKOYA」位在神戶市三宮鬧區，背海朝三手線方向的「神戶Tor Road」路上。店長大平洋士先生約是在20年前開業。「樽珈屋」最初是以自家烘焙的咖啡店開始營運。

在阪神大地震過後，他就將店鋪遷移現址，以17個座位的空間經營著咖啡店生意。但之後他漸漸縮減咖啡店空間，強化烘焙豆的零售業務，最後終於在2年前完全放棄咖啡店經營，轉換跑道，將店面改建成咖啡豆專賣店。

店內使用的生豆，是向20多年來的合作夥伴「MATSUMOTO COFFEE」購買的精緻咖啡豆。店內售有10種綜合咖啡、13種單品咖啡，其他還有從現貨市場購入的推薦商品。「樽珈屋」位處鬧區地段，不僅來店客層複雜，口味偏好也很多樣化，所以菜單上刊登了列有烘焙度與味道傾向的圖表。該店那富有風味、餘韻舒暢的咖啡具有廣大的粉絲，是一家受顧客們長年愛戴、而在神戶廣為人知的咖啡店。

受到瑞士咖啡的衝擊
開始研究吹送熱風的方式

包含了自立門前在咖啡店任職的時代，大平先生在咖啡業界共有35年的老道經驗。他長年以來，針對烘焙進行了各式各樣的假說與驗證，建立了一套自己的烘焙理論。

在開業當時，最先引進的烘焙機是直火式的2kg烘焙鍋。然後在經歷過美製烘焙機後，接下來的13年間，則是使用富士珈機的半熱風式3kg烘焙鍋。

這台半熱風式烘焙機是增加瓦斯噴燈數量，並拉大滾筒與噴燈間距的特別規格。如此改造的理由，是因為那時市面上充斥著豆質堅硬且酸味濃郁的咖啡。用當時的烘焙機烘焙這種硬質豆，烘焙溫度會在中途停滯不前，在長時間烘焙下導致味道流失，所以才會在這個時候引進火力強大的烘焙機。

現在增加瓦斯噴燈的改造十分普遍，但當時可是連精緻咖啡都還沒有的時代。靠著當時也十分稀少的烘焙相關情報，大平先生建立起特有的假說進行改造作業。

這件事的契機，是起於他從熟人手中拿到瑞士某位烘焙師製作的咖啡豆。儘管是烘焙後經過1個月以上的咖啡豆，但卻感受不到劣化，喝起來非常地美味。

在這份味道的衝擊之下，他就託人調查起在瑞士製造此款咖啡豆的烘焙師，豈料卻發現對方使用的熱源居然是焦炭。用足以讓焰色發白的超高溫燃燒的焦炭，為什麼能烘焙出毫無燒焦感的咖啡？他此時所想到的，是對方一定有在朝咖啡豆吹送熱風的方式上，以及在抑制熱風溫度上花費不少工夫。

大平先生表示，「乘坐大引擎的高級車，只要跑速不快，就能安靜舒適的行駛。就是這種印象讓我想到，如果是用火力充足的烘焙機，是不是就能像高級車一樣順利烘焙呢？」

但實際上，改造完的烘焙機操作起來十分辛苦。由於是3kg的小容量，所以只要稍微提高火力，烘焙溫度就會立刻偏離。與滾筒的接觸熱也會讓咖啡豆燒焦。他在許多錯誤嘗試之下，才總算達到藉由排氣閥控制熱風的烘焙手法。

為了不讓咖啡豆燒焦、也不至於半生不熟的完美烘焙，大平先生就根據每批次的烘焙紀錄製作標準化流程，並反覆驗證咖啡的味道。而他的這份經驗，也影響到現在「樽珈屋」理想中的咖啡味道。

為追求理想中的烘焙
而參與新型烘焙機的開發

大平先生對於烘焙的基本觀念是「不會過焦、也不會太生，給予咖啡適當的熱能提高溫度，避免讓咖啡豆承受多餘的負擔。」可藉此在第一爆過後，讓咖啡豆的纖維漂亮地均勻展開。只要能徹底展開纖維，那麼香氣與味道就會很明顯，保存期限也會很長。這樣在萃取時，還能夠將該咖啡特有的精華展現到極限。

為實現這理想中的烘焙，大平先生就3年前開始考慮引進新的烘焙機。他覺得下次要買的話，最好買台熱風式

且便於烘焙的機器。

當初優先考慮的是，火力充足並具有獨門秘訣處理滾筒內部熱對流的現有烘焙機機型。但在MATSUMOTO COFFEE「富士珈機（股）能夠製作小型熱風烘焙機，要不要委託他們處理？」的提案下，大平先生之後就決定與富士珈機一同研發理想中的烘焙機型態，而在這研發的過程中，他們就正式開始了嶄新熱風烘焙機的開發。其所完成的機體，就是最新型的熱風式烘焙機「Revolution」。

Revolution的特色是可藉由PID控制進行適當的熱風管控，輸入「施以○℃熱風溫度，直到豆溫度達到○℃為止」的烘焙模式，進行高重現度的烘焙作業（參照P58～65）。大平先生不僅參與了Revolution的開發，還積極提供協助，比方說提出圓筒材質最好採用FC鑄鐵的提案等。此外，他還提供富士珈機Revolution用的烘焙標準化流程資料。

在製作烘焙標準化流程時，會進行各式各樣的驗證。就熱風烘焙機來講，最重要的就是熱風溫度該怎樣吹送，才能讓咖啡豆毫不費力的提高溫度。就算烘焙曲線的升溫線乍看之下相同，根據熱風吹送的方式不同，味道也會有很大的變化。大平先生除了熱風溫度外，還會嘗試調整排氣風量等各種條件，確認烘焙完的咖啡豆味道；這項作業至今都還在持續進行中。

現在平均每天會使用Revolution烘焙10批次左右。烘焙作業是在晚間進行，每次的生豆投入量為1～5kg，會每天頻繁地烘焙所需的分量。基於「就算是100分的COE級別咖啡，只要鮮度降低，分數就會降到80分以下」的想法，大平先生會格外重視咖啡的鮮度。

用S・I・C烘焙曲線
進行淺焙、中焙、深焙

此外，該店的咖啡烘焙深度是分為淺焙、中焙、中深焙與深焙4個階段。

大平先生表示，「深焙並不是淺焙過程的延伸，每一種烘焙方式，都各自有著最適合的烘焙曲線。」要想像的話，淺焙的曲線就像是在畫一個平緩的S，中焙是溫度比直上升的I，深焙的圖表則是升溫率在後半段趨於平緩的C。大平先生把這叫做SIC曲線，以做為他在烘焙時的依據。當然，就算把升溫率畫成圖表，溫度進展的變化也是微乎其微，所以並不會清楚畫出SIC的曲線，不過卻可以藉由此烘焙程序，讓烘焙的總時間維持一致。

另一方面，他每天在烘焙之際，除了依循基本的烘焙標準化流程外，還會在烘焙中做細部調整。

比方說當豆質較硬時，有時就會稍微提高烘焙中設定的熱風溫度。而當天氣變化影響到氣壓時，排氣方式也會跟著改變，因此要將風速計放到取樣匙的插入口前計算排氣速度，修正風扇到適當的風量。

烘焙好的咖啡豆，不分種類都會在當天內用濾紙滴濾法試味道，確認是否有出現燒焦或半生不熟等烘焙失誤所導致的味道。而咖啡在涼掉後也一樣會確認味道，去感覺咖啡豆是否有確實展開。大平先生會藉由這些行為提高咖啡

的精度，朝心目中的理想邁進。

在精緻咖啡普及之前，「樽珈屋」是使用單一莊園的精緻咖啡。如今儘管對美味且較少缺陷的咖啡變得容易取得，還能夠獲得大量情報一事感到高興，但另一方面，也體會到要使用指定莊園的咖啡豆的話，那麼不分好壞都要持續使用的行為，對於自家烘焙店來說是件多麼重要的事情。而大平先生也將會更加磨練自身的烘焙技術，好將如此取得的咖啡，用更具魅力的方式提供給廣大顧客。

樽珈屋
兵庫県神戸市中央区下山手通2丁目5-4深澤ビル1F
電話／078-333-8533
営業時間／10：30～20：30
休假日／週三
http://www.tarukoya.jp

以大平先生的要求為開發契機的Revolution。可根據顧客要求，在出貨時選擇性輸入大平先生驗證的烘焙模式。

排氣會通過後燃器直接排放到外頭的排氣管。沒有設立煙囪。後燃器設定在豆溫度190℃時自動點火。而設定在烘焙後半段時點火的理由，是為了避免在第一爆前給予咖啡豆熱能的階段時，讓瓦斯噴燈的輸出產生偏移。

樽珈屋的咖啡製作流程

烘焙行程

烘焙作業是從晚間開始，每天平均進行10批次。而為什麼會在晚間烘焙，是預期到這段時間的店外行人較少且氣溫穩定。在烘焙鍋溫度難以穩定的前幾批次，會烘焙少量或需要深焙的生豆，從烘焙鍋溫度穩定下來的第四批次以後，再開始烘焙5kg生豆量或需要醞釀出纖細香味的淺焙。為方便做烘焙驗證，相同的生豆會記得依相同的順序烘焙。因為注重咖啡豆的鮮度，所以烘焙作業是每天少量進行。

烘焙SIC曲線

深焙並非是淺焙的延伸，淺焙、中焙與深焙都各自有著適合的烘焙曲線。在此觀點下，不論採用何種烘焙方式，烘焙時間都不會相差太多。要想像的話，深焙是平緩的C曲線、中焙是筆直的I，淺焙則是畫一個曲度在第一爆附近趨於平緩的S。

活用風速計

滾筒內部因天氣等外部空氣影響所導致的風量變化，要使用風速計測量。在一個基本排氣量的設定下，低氣壓時的排氣會增強，所以要縮減風量，而高氣壓時就是反過來要加強排氣，要藉由修正風扇的強度，提高烘焙作業的重現性。

烘焙完成後與隔天進行確認

味道要在烘焙當天不分種類的全面確認。會藉由濾紙滴濾法與杯測湯匙，檢查咖啡是否有出現燒焦或半生不熟的味道等，確認烘焙的完成度。如果有感受到異狀，就要在還有烘焙記憶的日子裡進行驗證。然後，隔天也要用杯測確認全種類的味道，確認咖啡的香味與質感的經時變化。

「樽珈屋」的烘焙就是不會燒焦也不會半生不熟，給予咖啡豆適當的熱能讓纖維漂亮地展開。這次介紹的，是在綜合咖啡當中也屬主要配方，身為該店的主力商品的哥倫比亞咖啡豆烘焙。

哥倫比亞 安地斯神鷹

地區／哥倫比亞　博亞卡省
產地標高：1700m
品種：阿拉比卡豆（Arabica）
精製法／水洗（日曬乾燥）
篩網大小：16up

該店向指定莊園購買的獨家咖啡豆。是甚至有過造訪實際產地的經驗，投注了不少心血的產品。散發著優秀濃韻感與甘度，特色是帶有柑橘類的風味。取樣時是使用剛進貨沒多久的新收成豆，水分含量約為10%左右。

烘焙時間(分)	豆溫度(℃)	熱風溫度(℃)	烘焙曲線(℃／分)	現象
0:00	156	170		
1:00	113	168	-43	
2:00	104	161	-9	回溫點（104℃）
3:00	107	163	3	
4:00	114	202	7	
5:00	123	224	9	
6:00	131	256	8	
7:00	141	273	10	
8:00	150	293	9	
9:00	159	309	9	
10:00	167	310	8	
11:00	175	309	8	第一爆（180℃）
12:00	182	312	7	
13:00	188	310	6	
14:00	194	306	6	
15:00	202	311	8	
15:56	210		8	停止烘焙

ROAST DATA

烘焙時間：2011年6月2日
生豆：哥倫比亞　安地斯神鷹
烘焙機：Revolution（熱風5kg）
　　　　天然氣
烘焙度：中深焙
生豆投入量：1.5kg
第二批次
室溫29℃　濕度65%　天氣：晴

這次是生豆量僅有1.5kg的少量烘焙，因此投入時的熱風溫度設定得比較低。在第3分鐘到第9分鐘之間會階段性的提高熱風溫度，讓咖啡的味道得以形成。會在第一爆過後稍微放緩升溫速度，以控制咖啡豆纖維展開的速度。

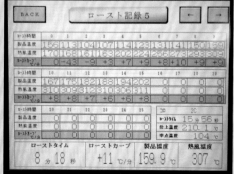

烘焙模式的顯示畫面。可將「吹送270℃的熱風，直到豆溫度達到126℃為止」的特定分為4階段進行，並在PID控制下，用最適當的熱能吹送熱風。還能在烘焙中調整風扇風量。

會記錄每批次的烘焙資料，可配合烘焙模式檢視全部數據。對於將曾為類比的操作模式全面數據化，以及能夠理解熱風機制等改變，大平先生表示，「拜此所賜，讓我增長了不少知識啊。」

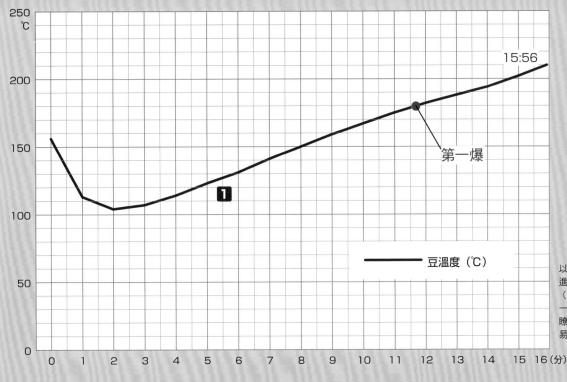

15:56

第一爆

豆温度（℃）

以幾乎維持穩定的升溫速度進行烘焙。安地斯神鷹（Andean Condor）在第一爆過後的進行情況很容易瞭解，濃韻感與苦味也很容易顯現出來。

1 火力補正

在第5～6分鐘左右，會出現升溫速度稍微減緩的徵兆，此時要提高最初設定的熱風溫度。打從開始就用大火烘焙會導致施熱過度，但由於這是新收成的堅硬咖啡豆，所以要在烘焙途中變更設定，給予適當的熱度。

140℃

豆色開始泛黃，水分蒸發，纖維開始鬆弛。

180℃

第一爆的階段。將皺褶延展、咖啡豆纖維均勻延伸的情況視為順利烘焙的基準。

烘焙出甘度與濃韻感十分均衡的咖啡豆。中深焙的哥倫比亞咖啡豆，除了以單品咖啡加以販售外，還會大量運用在綜合咖啡之中。給人的印象比以巴西咖啡豆為主的綜合咖啡還要強烈，評價也很優秀。

烘焙中也會使用風速計測量風速。會與做為自然排氣基準的風測值互相比較，檢查風速是否有出現變化，或是在更改熱風溫度的設定時，逐步進行詳細確認。

停止烘焙

停止烘焙要根據咖啡豆的狀態來判斷。就算是相同的溫度改變、相同的烘焙時間，有時也會因為豆色、皺褶或香氣，導致停止烘焙的時間出現偏差。

Caffé Fresco
カフェ　フレスコ
東京・阿佐谷

重視時間與溫度的樸實烘焙。
將身為咖啡吧檯師傅時培育的
味覺經驗活用在烘焙上，
日漸成長中。

座落在JR阿佐谷站與東京地鐵南阿
佐谷站之間的區域。周遭是住宅區，
來店裡的顧客從年輕人到中年人都
有，客層十分廣泛。

店長澤地広之先生。在經歷過上班族生涯後，於2003年以咖啡吧檯師傅的身分創業。烘焙是在開業後的第6年開始自學。如今會在自家店裡舉辦咖啡拉花比賽，致力於業界交流。

還會藉由隨季更換的創意飲料（Signature Drinks）展現新奇感。餐點種類比以往較少。會每天從數十種自製英式鬆餅之中挑選6～8種陳列。

焦糖堅果拿鐵（S）430日圓
適合冬天引用的飲料。在熱牛奶中添加焦糖與杏仁堅果，然後再注入濃縮咖啡。杯面漂浮著鮮奶油，並用堅果加以裝飾。

拿鐵咖啡（S）外帶用290日圓
拿鐵咖啡在店內的價格是S＝340日圓、T＝390日圓、G＝440日圓，外帶會各便宜50日圓。

「Caffé Fresco」是一家位在JR阿佐谷站前大道上，再稍微往巷內走一點的自家烘焙咖啡店。店長澤地広之先生原本個上班族，但由於對咖啡吧檯師傅這份職業抱持興趣，所以就下定決心要開一家咖啡店。在離職後的半年內，他就在咖啡店裡一邊工作、一邊藉由實際操作學習經驗，同時透過書籍與巡訪各家咖啡店自學，等到2003年時，就以咖啡吧檯師傅的身分自行開業。當時是選擇使用「La Marzocco FB-70」做為店內的萃取機器。

在他開始自家烘焙以前，店裡是購買烘焙豆來沖泡，從向西雅圖名店「Espresso Vivace」訂購的烘焙豆開始，他嘗試過各式各樣的咖啡豆，久而久之，他就用身體記住了咖啡豆與萃取之間的關係。澤地先生認為，咖啡吧檯師傅最重要的就是要能夠經手處理任何一種咖啡豆。但儘管如此，他也還是會遇到一些咖啡豆，會讓他無法萃取出讓自己滿意的濃縮咖啡。這讓他對自己購買的咖啡豆具有怎樣的特性、是經由何種手法烘焙而成的感到興趣，加深了他想經手自家烘焙業務的心情。

他實際開始親手烘焙，是在2009年的12月，烘焙作業也一樣是經由自學累積經驗，等到能在店面實際販售時，已是3個月後的事了。經手烘焙作業，讓他漸漸地想要打造一家更加強調「咖啡色調」的店家，並在該年10月，結束掉頗具人氣的簡餐服務。店內餐點就只留下英國鬆餅（scone）等烘烤點心與輕食，成為一間以咖啡為主重新出發的店家。

現在，咖啡餐單上共有6種單品咖啡、2種綜合咖啡。為了能讓顧客輕鬆享用咖啡美味，小杯價格（Short Size）是從300日圓開始起跳，大杯價格（Grande Size）也不會高過500日圓。

能夠判斷味道
是他在烘焙上的強項

澤地先生在擔任咖啡吧檯師傅時學會的品嚐技能（Tasting），據說現在也能在烘焙作業中提供很大的協助，讓他可用客觀角度判斷自己烘焙的咖啡豆味道。

他理想中的咖啡除了要濃度確實，還要喝起來爽口。再加上，他認為酸味是讓咖啡活靈活現的重要因素，所以還會檢查有沒有出現優質酸度的風味。

打從澤地先生開始烘焙，至今才不過1年半的時間，烘焙經驗尚淺，因此在烘焙手法方面是以烘焙機的基本操為基礎，一邊驗證一邊烘焙，不採用特立獨行的手法，並盡可能樸實地進行烘焙。引進店內使用的烘焙機是「Diedrich IR-3」，澤地先生喜歡它的設計感，是打從很久以前就十分中意的機種，而「Espresso Vivace」也是使用「Diedrich」烘焙這點，同時強化了他的這份心情。

烘焙時注重時間與溫度。會根據投入生豆後的時間經過與溫度上升，在腦海中描繪圖表，依循理想中的曲線進行烘焙作業。

讓時間與溫度
符合前次烘焙的資料

因此，澤地先生會在烘焙中記錄詳細資料。在他自製的資料表上，會同時記錄烘焙時每分鐘的豆溫度上升與每10℃的時間經過這2項資料，除此之外，甚至還會記錄每次暖機的瓦斯壓力與排氣閥的操作數值。他會藉此累積資料，並將烘焙得不錯時的標準流程做為之後的基準。會藉由維持相同條件，諸如保持一定的生豆投入量等行為，重現當初認為不錯的烘焙作業。

理所當然的，就算是相同的咖啡豆，烘焙時的標準流程也一樣會隨著季節變化而改變。比方說，在冬天，咖啡豆的溫度較低時，首先會是回溫點出現變化。此時就要觀察降溫到回溫點時的速度，同時根據過去的標準化流程做出預測，並在回溫點過後調整瓦斯壓力，盡可能地在早期階段，讓烘焙曲線與理想中的曲線相符合。

烘焙好的咖啡豆，會用法式濾壓壺與濃縮咖啡（espresso）萃取品嚐（Tasting）。咖啡在溫熱時，味道會難以浮現並容易出現苦味，因此也不會忘了要確認涼掉時的狀態。剛烘好的咖啡豆會因為瓦斯味太濃而難以分辨味道，所以大都會等到隔天才開始品嚐。

在品嚐時，會確認咖啡是否有出現理想中的爽口感，以及喝的時候會不會覺得味道太濃。此外，要是咖啡豆沒有烘透，就還會出現強烈酸味。假如味道出現誤差，店內販售的部分還可用萃取手法彌補，但Caffé Fresco也有經手烘焙豆的販售，所以會十分謹慎。

當然，要是有品嚐出異狀，就會在烘焙時做細部修正。本次取樣（參照P82）也由於烘焙測試的咖啡豆口感太重，沒有散發出該有的風味，因此反覆進行驗證。將重點放在提早完成烘焙上，在第二次時提高後半段的瓦斯壓力，然後在第三次時改提高生豆的投入溫度，才總算是完成理想中的味道。澤地先生的烘焙風格就像這樣，與其大幅度地變更烘焙手法，還不如逐步調整，做出更加確實的烘焙資料。

烘焙手法是以簡單為基本，因此幾乎不會去動到排氣閥的操作。就只會在溫度達到145℃時全開排氣閥一次。全開的理由，是為了要排出銀皮與蒸發咖啡豆含有的水分。原先並沒有這個步驟，但澤地先生認為這樣可有效調整咖啡豆的水分含量，所以將其視為必要的一個環節。溫度是在各種溫度範圍下進行驗證後，才決定設在145℃。此外，開啟排氣閥的時間會隨著咖啡豆的種類變化，有些咖啡豆不需要開啟，但也有些咖啡豆會開啟30秒或1分30秒等，各

有差異。

「會搭配牛奶飲用嗎？」
詢問顧客的喝法推薦咖啡豆

生豆是經由ATAKA貿易公司購入。儘管店內沒有特別強調，但經手的全都是精緻咖啡。會配合供應的杯子選用咖啡豆，比方說拿鐵杯就會選擇在與牛奶搭配飲用下，個性不會被奶味掩蓋的咖啡豆。初次使用的咖啡豆，會大致根據外觀的色澤與質感，參考類似咖啡豆的標準化流程決定其烘焙深度。

初次烘焙的咖啡豆，會從隔天算起一連3天萃取咖啡液，以確認咖啡狀態的變化。此外，有時還會突然在第5天時確認味道，這是要確實確認味道的變化，好做為下次修正的重點。澤地先生能藉此改善烘焙程序，也全拜他擔任咖啡吧檯師傅的經驗，讓他能夠辨別出咖啡的味道差異。此外，澤地先生表示，「親自經營一家咖啡店的優點，就是可直接面對到顧客的反應，並能藉由每天的固定販售的杯數，逐一確認咖啡熟成的狀態與味道變化。」

該店也有不少顧客是以光顧咖啡店為契機，而開始購買自家庭用烘焙豆的。為了讓這些顧客能用既有的萃取工具輕鬆地嘗試萃取，烘焙豆的販售單位是從

100g開始算起。此外，當顧客想要追求單品咖啡時，也會確實告知產地與味道的情報，讓顧客能夠享受之間的差異性。而對於想以拿鐵或卡布奇諾的方式享用濃縮咖啡的顧客，由於咖啡豆與牛奶的適合度有好有壞，所以會先做「請問會搭配牛奶飲用嗎？」之類的詢問，待確認完後再推薦適合的咖啡豆。澤地先生最後是想縮減店內的販售空間，並設立簡易座位，供購買咖啡豆的顧客試飲咖啡或是做為等待時的休息空間。

再加上，澤地先生還會將店鋪做為會場，舉辦「咖啡拉花比賽」或「愛樂壓（Aeropress）比賽」等，營造成一個供咖啡吧檯師傅交換情報的交流場所。最近他花費半年時間，忙裡偷閒架設的自製網站已正式啟用，理想中的網路販售網頁也正式開張。無論現在還是未來，澤地先生都會一步一腳印，逐步追求他的理想。

Caffé Fresco
東京都杉並区阿佐古南3-31-1 いずみビル1階
電話／03-5397-6267
營業時間／11：00〜20：00（週一〜五）10：00〜20：00（週六、週日、國定假日）
休假日／週三
http://www.caffe-fresco.net/

煙囪

煙囪是拉到大樓4樓的屋頂上，排氣非常良好的狀態。

烘焙機設置在店內後方。在移動義式咖啡機時，為方便顧客看到萃取的動作，還變更了店內設計。

排氣閥分為3個階段。滾筒排氣與冷卻盤排氣的比例，「關」是30：70，「開」是80：20，中央是50：50。

使用「Diedrich IR-3」。從開業開始，他就抱持著「總有一天要做自家烘焙」的夢想，因而決定使用設計優良的Diedrich烘焙機。

Caffé Fresco的咖啡製作流程

追求味道

展現出「純粹感」並喝起來爽口的好咖啡，也就是除帶有確實濃度外，口感也很不錯的咖啡。

選擇生豆

是經由ATAKA貿易公司購入精緻咖啡。會考量到是要沖泡成濃縮咖啡或是拿鐵等，配合供應的杯子選用咖啡豆，比方說拿鐵杯就會選擇在與牛奶搭配飲用下、個性不會被奶味掩蓋的咖啡豆。

預熱

因為想讓溫度緩慢上升，所以會用微火先加熱到50℃，然後再用最低瓦斯壓力升溫到190℃。改回微火，在溫度下降到150℃後，再次升溫。此時要將排氣閥與瓦斯壓力調為烘焙設定，等待190℃左右的生豆投入溫度。第二批次以後，要先等前次烘焙的溫度自然降溫後，才再次加熱並開始烘焙。

批次數、投入量

儘管不是每天如此，但平均會烘焙5批次左右。到現在為止，每批次是烘焙1.3kg，但最近意圖提升批次數，讓烘焙量保持在2kg。

用壓濾咖啡確認

烘焙好的咖啡豆，會用簡易並能正確把握味道的法國壓品嚐（Tasting）。粗磨15g的咖啡豆，用180cc的熱水沖泡3分鐘後壓濾。也要試喝涼掉的味道。

熟成

濃縮咖啡用的烘焙豆，會放在15℃設定下的冷藏櫃內熟成。抑制劣化與酸化現象，並控制咖啡豆釋放的氣體，等經過5～6天後才會開始使用。

在Fresco會觀察咖啡豆的大小與水分含量，套用過去類似的烘焙資料進行烘焙。這次使用的薩爾瓦多咖啡豆，為了修正首次烘焙時感受到的厚重口感，而反覆嘗試了2、3次烘焙，並將其流程加以彙整。

薩爾瓦多「西伯利亞莊園」

地區／Chalchuapa市Ojo de Agua地區
栽培標高／1450m（規格SHF-EP）
品種／波旁（Bourbon）
精製法／水洗式

莊園名稱是因為所在地點的標高高且氣候涼爽而命名的。薩爾瓦多的咖啡豆是根據標高區分等級，而這種咖啡豆是最高標高的1450m處產豆。雖說是硬質豆，但卻沒有難以烘焙的感覺，酸度與甘度的平衡良好是其特色。

ROAST DATA

烘焙時間：6月6日（週一）16：30
生豆：薩爾瓦多
烘焙度：中深度烘焙～中度微深烘焙
烘焙機：Diedrich Roaster 3kg
　　　　天然氣
生豆投入量：2kg
第一批次　天氣：晴

A 在第一爆前提升火力

在測試烘焙時，烘焙豆的口感稍重，而且風味沒有顯現。這問題可用縮短烘焙時間來解決，因此和首次烘焙相比，這次烘焙就把第一爆前的瓦斯壓力提高，但停止烘焙的溫度依舊，藉此提早停止烘焙的時機（比測試烘焙時短縮7秒）。但儘管採用這種方法，問題也依舊沒有改善。由於第一爆前後給予的熱能過量，結果形成重口味的咖啡。

烘焙時間	豆溫度（℃）	瓦斯壓力（inch WC）	排氣閥	現象
0:00	190	3.0	50%	
1:00	123.9			回溫點（118℃／1:45）
2:00	119.1			
3:00	127			
4:00	136			
5:00	143.6		80%（145℃／5:11～5:51）→50%	
6:00	152.4			
7:00	161.1			
8:00	169.5			
9:00	177.2			
10:00	184.4	4.0（190℃／10:47）		
11:00	193			
12:00	199.2	4.5（200℃／12:06）		第一爆（199℃／12:00）
13:00	206.2			
14:00	214			
14:31	220			停止烘焙（220℃／14:31）

※1inchWC為0.249kPa
3inchWC為0.747kPa

烘焙時間	豆溫度（℃）	瓦斯壓力（inch WC）	排氣閥	現象
0:00	195	3.0	50%	
1:00	120.9			回溫點（116℃／1:38）
2:00	118.5			
3:00	127.8			
4:00	136.3			
5:00	144		80%（145℃／5:18～5:48）→50%	
6:00	153.9			
7:00	162.7			
8:00	171.2			
9:00	179.1			
10:00	186.2	3.5（190℃／10:30）		
11:00	193.4			第一爆（198℃／11:38）
12:00	200.8	4.0（200℃／11:56）		
13:00	207.2			
14:00	214.6			
14:28	220			停止烘焙（220℃／14:28）

ROAST DATA

烘焙時間：6月6日（週四）10：30
生豆：薩爾瓦多
烘焙度：中深度烘焙～中度微深烘焙
烘焙機：Diedrich Roaster 3kg
　　　　天然氣
生豆投入量：2kg
第一批次
天氣：陰

B 將投入溫度設為195℃

接受A的結果，這次不提高瓦斯壓力，回歸烘焙測試時的數值。這次是藉由提高生豆的投入溫度5℃來縮短烘焙時間。停止烘焙的時間比首次烘焙時短縮10秒。最後成為散發出理想中的風味，口感也不會太重的咖啡。

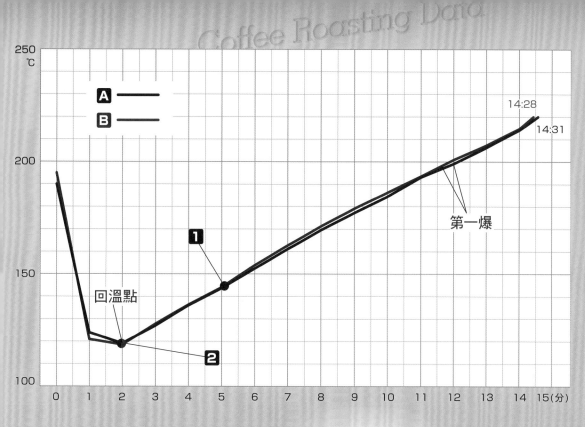

溫度變化幾乎相同，但B的投入溫度比A高，因此第一爆開始得也比較快。他認為可藉由延長第一爆過後的烘焙時間，確實醞釀出咖啡豆應有的風味。

B的烘焙豆會帶有如柑橘或臍橙般酸中帶甜的滋味，與牛奶巧克力那種滑順甘甜的韻味，給人一種舒服的印象。不論用法國壓還是濃縮咖啡（espresso）的方式萃取都行。基本上是沖泡成單品咖啡，但也會沖泡成綜合濃縮咖啡販售。

1 在145℃時 開啟排氣閥40秒

為了排出銀皮與蒸氣，會在145℃時開啟排氣閥。西伯利亞莊園咖啡豆是開啟40秒。根據咖啡豆的種類，有些會開啟到1分30秒，也有些是完全不會開啟。

2 在早期階段 讓上升曲線相符合

在與過往的資料相比下，當回溫點偏離設定時，就要調整火力，在早期階段讓上升曲線相符合，使升溫速度保持一致。

● 確實記錄烘焙條件

在烘焙紀錄表上，會同時記錄相對於時間的溫度進展，與相對於溫度的時間經過，留下每次烘焙時的詳細資料。此外，也一定會記錄暖機時設定的排氣閥與瓦斯壓力的調整等，在投入生豆前的烘焙條件，致力在相同環境下進行相同的烘焙作業。

停止烘焙的時間與溫度，也一樣會參考優質烘焙時的資料決定。在烘焙途中，並不會太常用取樣匙確認狀態。

珈専舍　たんぽぽ

兵庫・神戸市

宛如膠囊一般
封存理想風味的咖啡。
以溫故知新為主題
讓品質與烘焙同步進化的
老字號人氣咖啡店。

餘留著懷古咖啡店的氣氛，同時也引進精緻咖啡與義式咖啡機，藉由創新嘗試擴大消費客群。義式咖啡機使用La Marzocco GB-5。

蒲公英綜合咖啡 480日圓
該店的招牌商品。遵守創業時的配方，現在是使用巴西、哥倫比亞、坦尚尼亞等5種咖啡豆調配。讓咖啡豆的個性在濃郁感中鮮明擴展，是一杯口味深奧的咖啡。

零售的咖啡豆有6種綜合咖啡與9～10種單品咖啡。咖啡店的菜單項目也同出一轍。零售業務的販售比例，已提升到將近整體銷售量的40％左右。

持續努力讓老顧客與新客層感到滿意的第二代店長──穴田真規先生。他為了研究美味咖啡，在重重烘焙測試之下，甚至消耗掉將近70kg的生豆。

位處在神戶市西部郊區國道上的「珈專舍　たんぽぽ（蒲公英）」創立於1974年，是一家長年以來，與周遭民眾十分親近的人氣咖啡館。

雖然創業初期是一家以食堂為立場、備有豐富餐點的咖啡店，而在開業第5年才轉變為自家烘焙店家。以供應虹吸式咖啡（Siphon Coffee），並且是郊外難得一見的專門店而受到歡迎。

繼承父親衣缽的現任店長──穴田真規先生，是從1995年開始幫忙店內生意。穴田先生表示，「那個時候，還是咖啡品質低落的年代。烘焙也只能照父親所教導的依樣畫葫蘆，自己究竟能不能和過往那樣經營下去？我也曾對此感到不安。」就在他摸索該如何提供更加美味的咖啡過程中，前代店長在6年前病倒一事，為他帶來了轉機。他就藉此機會，將當時使用的美食咖啡（Gourmet Coffee），全面更換成精緻咖啡（Specialty Coffee），並在之後接二連三地開始展開新的嘗試。

他在2008年時改裝店鋪，引進了濃縮咖啡機，儘管位處郊外，有著難以推廣的一面，但他認為這總有一天會成為一種飲食風格，就基於這種想法開始提供花式卡布奇諾（Design Cappuccino）等等。

店面經營的主題是「溫故知新」，該店繼承了老字號的歷史，同時嘗試創新的挑戰，為地區帶來新的需求。而就如同配合店家的變化一樣，烘焙的手法也跟著進化了。

用改造3kg烘焙機
徹底學習烘焙的機制

創業初期使用的是直火式2kg烘焙機，接著有很長一段時間，是改用直火式的12kg烘焙機。當時是所謂「直火的味道就是咖啡店的味道」的年代，眾人接納了這也適合用虹吸壺沖泡的咖啡。

只不過，一旦改換成精緻咖啡後，他就覺得一直以來烘焙方式，實在是不足以展現原料的優點。此外，也想要強化零售業務的穴田先生，就開始追求「能在家享用的清爽口感」，尋找起新的烘焙機。

此時他所購入的是富士珈機（FUJIROYAL）的半熱風式3kg烘焙機，此款烘焙機採用特別規格，增加烘焙機的瓦斯噴燈數量，藉由在較短時間內完成烘焙來引出原料的個性。拉開瓦斯噴燈與滾筒間的距離，在一萬千卡的高火力下，透過熱風提高烘焙效果。

但想要熟練操作這台烘焙機，卻也讓他費了不少苦心，與過去使用的12kg烘焙機相比，小型的3kg烘焙機容易受到氣溫與溫度影響。此外，排氣閥的操控也因是小型烘焙機的關係，感覺只要稍微調動一點，排氣方式就會有很大的改變。

穴田先生表示，「也多虧了這一點，讓我徹底學習到用怎樣的操作方式，可以烘出怎樣的味道出來。」比方說，有一種精緻咖啡的咖啡豆，要是用一般淺焙的方式烘焙，酸味就會格外突出，但只要稍微深焙，就會出現非常完美的甜味。他還曾親身體驗過這種烘焙導致的變化，在那些為了學習而烘焙的精緻咖啡豆中，也有很多是無法被當做商品來販售的失敗品，但現在他也確實感受到，這些失敗正是學習的最佳捷徑。

確實整頓環境條件，
讓烘焙程序穩定下來

接著在2010年時，他引進了Probat公司的「PROBATONE12」（半熱風式12kg）烘焙機。當初引進的原因是他想在店內提供濃縮咖啡。

由於在高壓萃取下，烘焙時形成的焦味會變得十分明顯。有時候仔細一瞧，還會發現咖啡脂上漂浮著焦黑色。然而過去採取的烘焙方式，只要一提升火力，就免不了會出現燒焦情況。此外，滾筒的高接觸熱也曾讓他擔心，這樣會不會破壞掉咖啡豆的纖維。

不過，Probat烘焙機獨特的攪拌設計，可延長生豆在滾筒內部翻騰的時間，達到更高品質的熱風烘焙。再加上滾筒不是用鐵板製成，而是用鋼材纏繞而成的，讓他覺得還可藉此減輕接觸熱的負擔。最新機種的排氣風扇與冷卻風扇是個別獨立的特點，也是促使他購買的關鍵之一。

實際上，在與直火式相較之下，用熱風烘焙的咖啡豆幾乎沒什麼香味。但相對地，一旦放入研磨機中研磨，香氣就會瞬間擴散開來。「就宛如膠囊一般，把風味封在內部的咖啡」實際感受

過去使用的富士珈機半熱風式3kg烘焙機，改造後的操作困難性讓他苦不堪言，但穴田先生也表示，「這也讓我徹底學習到，用怎樣的烘焙法，就會出現怎樣的味道。」

到這點的穴田先生，此後就將這種咖啡視為烘焙時的理想。

現在平均每週烘焙2～3次，每次都是在中午前進行。會從零售販賣的時間計算顧客飲用的時間，再藉此決定烘焙的日期。生豆投入量的基本設定，在前三批次是6kg，烘焙鍋溫度穩定下來的第四批次之後是10kg，深焙會在一開始的時候進行。此外，還會決定巴西咖啡豆要最先烘焙之類的條件，藉由始終維持相同的烘焙條件，縮減當味道因烘焙而出現變化時的可能變因。

在實際的烘焙程序中，首先會測量生豆的水分含量，並進行以下調整。當水分含量多時，就將生豆的投入量減少些許，而在進口之後經過一定時間，水分已經蒸發掉的生豆，則是會反過來增加投入量。

此外，還會在烘焙前測量滾筒內部的排氣風量。將風速計放到取樣匙的插入口前測量，並調整排氣閥，讓排氣風速達到3.2m/s。然而，或許是因為該店的煙囪直徑太大，當碰到風強的日子時，排氣效能有時就會變得太強，起暴風時甚至會因此停止烘焙作業。

只要像這樣確實整頓好環境條件，實際烘焙時的溫度改變與火力操作，大致上就會維持相同的變化。

在烘焙10kg生豆的情況下，會在投入生豆後的1分多鐘時達到回溫點，接著要在溫度開始上升時提高火力，給予生豆適當熱能形成咖啡的味道。第一爆會在200℃時到來，此時要將排氣閥微微開啟。中焙作業會在第二爆過後停止烘焙，烘焙時間大約為15～16分鐘。

Probat烘焙機只要配合其特性，就能在某種程度內決定溫度的標準化流程。因此，很少會在烘焙途中變更火力與操作排氣閥，取而代之的是會變更生豆的投入量，並藉由保持烘焙時的環境條件，來提高咖啡味道的重現性。

為傳達咖啡的美味
而希望「溫故知新」

烘焙好的咖啡豆，在當天會不分種類地全面確認味道。穴田先生會透過濾紙滴濾法萃取，並全神貫注地注意咖啡帶有怎樣的酸質。如果帶有純淨的酸質，那接下來就是要沖泡成充分展現出甘度與風味，並帶有清爽口感的咖啡了，3天後還會再確認一次同種咖啡豆的味道。而除了用濾紙滴濾法外，還會用店面販售時所使用的虹吸壺萃取，觀察是否有展現出原料的風味特性。

藉由販售精緻咖啡並改變烘焙手法的行為，零售咖啡豆的銷售比例也節節上升。而喜愛咖啡經由雜誌得知該店存在，並在週末來店消費的新客群也隨之增加了。

此外，他在能夠面對面販售時，還會向顧客說明這種咖啡豆是烘焙成怎樣的味道、而隨著時間經過，味道又會有怎樣的變化。由於位處郊外，新的嘗試得花費不少時間才能夠推廣開來，但經由他如此細心的販售方式，效果也漸漸看到成效。

身為招牌商品的「蒲公英綜合咖啡」，如今依舊維持前代店長調配的配方比例，但卻更換了咖啡豆的品種，保留過去的濃韻與苦味，同時藉由精緻咖啡的優質口感，強調出嶄新的魅力。「不論是過去的老顧客，還是新光顧的客人，我都想將美味咖啡的魅力推廣給他們知曉。正因為我們是能貼身接待客人的咖啡店，才更要重視這份心情。」如此表示的穴田先生，今後也打算更加努力讓店家進化。

珈專舍　たんぽぽ
兵庫県神戸市西区神出町広谷608-4
電話／078-965-2131
營業時間／7：30～18：00（LO17：30）國定假日8：00～
休假日／週日
http://tanpopo.ocnk.net/

Probat公司的「PROBATONE」12kg烘焙鍋。最新機型的排氣與冷卻的風扇是個別獨立，烘焙機前方是使用FC鑄鐵。

在原本滑動式的排氣閥上安裝把手式開關。這是在考慮到滑動式操作會在沾附銀皮時難以關閉所進行的改造。

排氣會在天花板的部分匯集，然後直接垂直立起煙囪，總長8m。或許是因為煙囪的直徑太粗，在颳大風的日子，排氣效果有時會變得太強，這種時候就只能暫時放棄烘焙了。

たんぽぽ的咖啡製作流程

測量水分含量

烘焙前會測量生豆的水分含量，根據數值的變化微調生豆的投入量。

預熱

用最大瓦斯壓力加熱到240℃，再轉微火降溫到180℃，然後再次提高火力並投入生豆。烘焙10kg生豆時的投入溫度為185℃。

烘焙行程

烘焙作業是每週2～3次，會在氣溫穩定的早上進行。每次的烘焙量約為70kg，前三批次會烘焙6kg，在烘焙鍋溫度穩定後的第四批次之後是烘焙10kg。會優先烘焙需要深焙的生豆。

確認酸質

用濾紙滴濾法確認烘焙好的咖啡味道。此時他最注重的是酸味會不會太澀，以及有沒有完美的爽口感。萃取作業是用91℃的280cc熱水沖泡咖啡21g，並會使用附有刻度的杯子，以常保相同的萃取條件，還會確認涼掉狀態的咖啡酸度。而在3天後，還會再用濾紙與虹吸壺確認味道，觀察風味的擴散與酸度的變化。

Probat烘焙機儘管不在烘焙過程中進行繁瑣操作，也一樣能保持規律的升溫速度烘焙，但「たんぽぽ」會藉由詳細測量豆質、水分含量質與排氣風量的變化，進行更加精密的烘焙作業。

巴西 Carmo De Minas Sao Benedito莊園PN

地區／巴西米納斯吉拉斯州的Carmo De Minas近郊
莊園／Sao Benedito莊園
產地標高／1200～1250m
品種／黃波旁、卡杜艾、新世界
精製法／巴西式半洗處理（Pulped Natural）

該店的原創商品兼主力商品。還曾藉由親訪產地，了解對方周詳的栽培作業與精緻環境，來加深對於原料的愛惜情感。

時間(分)	豆溫度(℃)	排氣閥	火力	現象
0:00	186	4 弱一點	6	
1:00	94		7	回溫點（91℃／1:07）
2:00	99			
3:00	113			
4:00	126			
5:00	137			
6:00	146			
7:00	154			
8:00	162			
9:00	170			
10:00	177			
11:00	185			
12:00	192			
13:00	201	4 強一點		第一爆（202℃／13:07）
14:00	208			
15:00	215			
16:00	225			第二爆（225℃）
16:15	227			停止烘焙

※排氣閥1是關，10是全開

ROAST DATA

烘焙時間：2011年6月
生豆：巴西 Sao Benedito莊園PN
烘焙機：PROBATONE 12
　　　　半熱風式12kg　桶裝瓦斯
生豆投入量：10kg
第四批次
室溫：36.2℃　濕度：46%
天氣：陰

投入10kg生豆的烘焙時間大約為16分鐘。微調生豆的投入量，據說不僅能夠穩定升溫速度，就連回溫點與第一爆也幾乎都會在同樣的時間發生。此外，會在第一爆時微微開啟排氣閥，此時由於排氣閥的有效範圍狹隘，所以只會調整讓刻度些許轉動的程度。

操作面板上的豆溫度會顯示小數點。火力是用左上方的轉盤調整，刻度是從1到7。溫濕計就放在方便觀看的位置上。

排氣閥的位置，基本上會在一開始時調到刻度4的位置。會在烘焙前確認中央的位置。逐漸轉動把手，當洩氣的「咻」聲停止時，那裡就是排氣閥的中央位置。

烘焙前會先用風速計測量排氣速度。3.2m/s是風速的基準值。當排氣方式受到天氣影響而改變時，就會去調整排氣閥的位置。

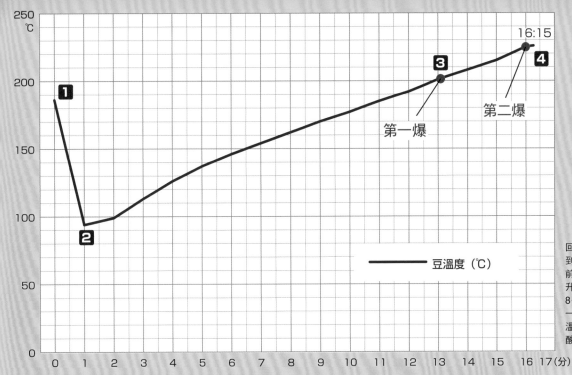

回溫點會在1分多鐘時達到。接下來在到5分多鐘以前，會維持每分鐘11℃的升溫速度。之後會以每分鐘8~9℃的升溫速度迎來第一爆。用大火確保規律的升溫速度，形成咖啡豆特有的酸度與香氣。

1 投入

在事前測量生豆的水分含量值，並藉此微調生豆的投入量。10kg生豆的投入溫度大致上是185℃左右。視咖啡豆的狀態，排氣閥有時會轉到稍微縮減一點的位置開始烘焙。

2 在回溫點提高火力

溫度會在投入生豆後瞬間下降，在1分7秒時抵達回溫點。接下來要在溫度開始上升的時候，將火力暫時調到最大的7，給予生豆舒適的熱能。

3 第一爆

第一爆會在200℃左右來臨。藉由滾筒內部的熱風對流，讓咖啡豆的纖維在低負擔下完美展開，逐漸形成鮮明的味道。

4 停止烘焙

在接近停止烘焙的預訂溫度後，就要不斷抽出取樣匙確認咖啡豆的狀態。確認皺褶的伸展方式，並在散發出甘甜香氣的時候停止烘焙。

中焙好的烘焙豆。巴西式半洗處理特有的甘度與濃郁感，以及芬芳風味十分誘人。

冷卻

為了不讓烘焙豆在停止烘焙後繼續受熱，排出的烘焙豆會分批裝進設置在3kg烘焙鍋上的大型冷卻箱中進行冷卻。約3分鐘就能完全冷卻，這樣還能提早進入下一批次前的休息空檔。

AMAMERIA ESPRESSO
アマメリアエスプレッソ

東京・武藏小山

注意排氣溫度
探索引出甘度的烘焙深度。
在多樣化的萃取與咖啡種類下
洋溢原創色彩的咖啡店。

店內透過以木材與磚材為基調的歐美風格，營造出一種兼具時尚感的古典氣氛。營業時間會將陳列架移到烘焙機前做為屏風使用。除了咖啡店使用的同種咖啡豆外，還有販售拉花鋼杯、填壓器等咖啡器具。

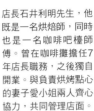

店長石井利明先生，他既是一名烘焙師，同時也是一名咖啡吧檯師傅。曾在咖啡攤擔任7年店長職務，之後獨自開業。與負責烘烤點心的妻子愛小姐兩人齊心協力，共同管理店面。

該店會藉由濃縮咖啡與牛奶的各種調配比例，讓客人享受咖啡的變化性。由於經常有人詢問咖啡內容，所以就拍下照片，貼在櫃台周邊上了。

將雙倍義式濃縮咖啡與牛奶以1：3的比例調和而成的「Gibraltar」，售價400日圓。發揚自舊金山的飲料，是基於使用美國Libbey公司製造的Gibraltar系列玻璃杯而命名。

「Flat White」是用雙倍濃縮咖啡與蒸氣發泡牛奶（Steam Milk）以1：5的比例調配而成。這在紐西蘭是種十分流行的喝法。每杯售價480日圓。

「AMAMERIA ESPRESSO」就位在從東急線武藏小山站徒步走5分鐘，從洋溢活力的商店街稍走一段路程的住宅區裡。2010年8月，在一棟新建公寓的1樓開幕，如今已有許多當地常客，還有不少咖啡吧檯師傅會光顧。店長石井利明先生曾在大井賽馬場內的咖啡攤擔任店長7年，並在那時候開始自學烘焙技術。店內僅供應精緻咖啡，目前共有8種單品咖啡與2種綜合咖啡。此外，其妻子愛小姐根據點餐烘烤的格子鬆餅與烤土司也是店內的招牌餐點。

烘焙作業是每天進行，烘焙機是採用Lucky Cremas公司（股）的半熱風式4kg烘焙鍋。這是將本來的直火式機種，用特別規格改良成半熱風式的烘焙機。

改良的部分是瓦斯噴燈，在低於原先瓦斯噴燈7～8cm的位置上，增設了相同數量的新噴燈，瓦斯壓力的操作也分成上下兩列；這是石井先生為控制流動在滾筒內部的熱風溫度所進行的改良。由原本的瓦斯噴燈負責對滾筒直接加熱，增設的瓦斯噴燈則負責控制熱風。藉此改良，讓他可用「宛如用烤箱烘烤點心般的概念」進行烘焙。直接接觸滾筒的近火會保持一定微火，並藉由調節遠離滾筒的遠火，在烘焙時更加發揮熱風的效果，烘焙出不帶焦味與苦味的清淡味道。

烘焙機儘管是根據成本與性能比的優劣挑選，但其包覆烘焙鍋的材質有部分使用黃銅，具備高保溫效果並難以受外部空氣影響的這一點也很令他滿意。此外，顧及到周遭環境，還安裝了富士珈機（股）的「無煙過濾器」。

仔細確認排氣溫度。
調整到引出甘味的溫度範圍

他所追求的咖啡味道乃是「甘甜」。在烘焙時會操作排氣閥並設定瓦斯壓力，讓升溫率與時間進展符合理想中的標準化流程，藉此引出他所追求的「甘甜」。但石井先生不僅會留意豆溫度的變化，還會配合排氣溫度做詳細觀察，並將結果記錄在筆記本上。透過觀察排氣溫度，確認咖啡豆是否有受到適當的熱風，假如出現誤差，就調整增設噴燈的瓦斯壓力。

具體來講，就是在水分蒸發的過程中，當排氣溫度上升到某種程度時，就調節遠火的瓦斯噴燈，讓溫度保持在一定的溫度範圍內的狀況。他會藉由如此細密的確認動作重現咖啡的「甘甜」。

而既然說到要重現，那麼為了保持穩定的烘焙過程，就還得注意環境條件。不論冬天還是夏天，烘焙時都會設定相同的室內溫度，並且讓咖啡豆的投入溫度與投入量保持一定等，透過建立規則，設法讓烘焙作業維持相同水準。

生豆是經由Wataru公司（股）購入的精緻咖啡。石井先生想要盡可能地增加可選擇的生豆種類，所以會直接前往對方總公司，杯測公司方面烘焙的樣品豆後再做決定。是以自己杯測得80分以上分數的咖啡豆為基準，並會注意咖啡豆的個性，讓它們不會在店內販售時重複。此外，在味道方面他特別嚴厲地重點確認，咖啡是否具備酸值與甘度素質。他還會在此時判斷在自家店內販售時的烘焙深度。

既然是使用精緻咖啡做為商品，那就會讓人想將它們在個性差異上的魅力傳達給客人知曉，所以與其堅持「這就是本店的味道」而穩定購買相同的生豆，還不如多方比較，就算味道多少會有些改變，也要購買更高品質的咖啡豆。

目標是「在各種萃取方式下的美味咖啡」

烘焙好的咖啡豆會從隔天起，嘗試用濃縮咖啡（espresso）、美式咖啡（Americano）、卡布奇諾、滴濾法、法國壓等各種萃取方式品嚐（Tasting）。每種咖啡都會花一個禮拜的時間，品嚐在各種萃取方式下的味道。石田先生表示，他的烘焙就是追求在各種萃取方式下的美味咖啡。

他在剛開始接觸烘焙時還不具備杯測技巧，所以沒辦法穩定的評估味道。據說還曾對自己無法達到連鎖咖啡店或咖啡店那種一般等級的美味而感到煩惱。有時靈光一閃，就能烘焙出非常好喝的咖啡，但接著卻又突然難喝起來，他就在如此反覆的過程當中明白了一些事情。不過有時卻會再次重蹈覆轍，讓他推翻自己當初的想法。

但話說回來，有時候根本是他誤以為自己喝到了好喝的味道。比方說「在吃了大蒜或洋蔥等調味蔬菜後，不論喝什麼都會覺得好喝」之類的情況，在他還沒有考慮到味覺變化的那段期間，他浪費了不少時間在修正烘焙作業上。

石井先生在2008年參加了SCAA的杯測評審認證，並取得CQI（國際咖啡品質協會）的國際咖啡品質鑑定師執照。自從取得執照之後，他就能明確地分辨味道的差異性。他會根據當天的身體狀況，以吃過甜食與喝過酒後的味覺感受變化為前提，更加客觀地判斷味道，並將這項技能活用在烘焙作業中。

以濃縮咖啡為主軸擴展多樣化的咖啡魅力

光看店名就可以知道，該店是以濃縮咖啡為基本商品，但除此之外，還有販售濾滴式咖啡、法國壓咖啡，甚至是最近開始在歐洲引起風潮的「愛樂壓（Aeropress）」萃取咖啡這點，則是該店的主要特色。關於濃縮咖啡，石井先生不太喜歡靠風味糖漿（Flavor Syrup）增添口感變化，因此透過濃縮咖啡的份數、牛奶蒸氣發泡的狀態，以及與咖啡之間的比例變化，讓顧客享受

多樣化的口感，這一點也是該店的特色之一。店內除了耳熟能詳的拿鐵咖啡與卡布奇諾外，還會介紹「Flat White」、「Gibraltar」等較不常見咖啡，還會將這些咖啡的內容做成一目瞭然的POP，在要向客人推薦餐點時派上用場。

當初他在自立門戶時，是懷抱著「想要開一間咖啡豆專賣店！」的心情開業。但他同時也喜歡萃取咖啡，也想鑽研濃縮咖啡的學問。而且，他也在服務與接客的過程中尋得了樂趣。特別是在濃縮咖啡方面，他那想要更加提升相關技術的想法，促使他想打造一間以濃縮咖啡為賣點的咖啡店。

店內也有販售咖啡店使用的咖啡豆家庭包。而在價目表上，會用淺顯易懂的短文介紹各種咖啡豆的味道。敘述內容會像是「宛如絲綢般的口感」、「令人聯想到柑橘與蘋果的爽口感」、「帶有巧克力與堅果般的風味，適合沖泡以甜味為特色的綜合拿鐵」這樣不使用專業用語，由各種輔助想像的詞句組合而成。此外，還會附加上寫有「水果感超群」、「女性人氣No1的華麗口感」、「強烈推薦給不愛酸味的你」等標語的迷你POP，在宣傳上也費了一番苦心。

石井先生表示，「我覺得用語要是太過專業、太過艱深的話，會讓客人感受到距離感，因此會注意敘述時的遣詞用字。」他那隨時站在客人角度著想的心態，成功地將咖啡的魅力推廣開來。現在平日會有50～70人次、假日會有100～150人次光臨。

AMAMERIA ESPRESSO
東京都品川区小山3-6-15
電話／03-6426-9148
營業時間／11：00～20：00（平日）　10：00～19：00（週六、週日、國定假日）
休假日／週四、每個月第2個週五
http://www.amameria.com

烘焙空間設置在店內進門後的左手邊。烘焙機使用特別規格的「Lucky Cremas SLR-4」。選購原廠的集塵器，還備有富士珈機（股）的消煙機「無煙過濾器」。烘焙作業會在每天早上營業前進行。但根據當天情況，有時也會在晚上進行。每天會烘焙4～6批次。

會在冷卻烘焙豆時用取樣匙進行手選，因此在冷卻機上方也加裝了光源。為方便確認豆色的微妙變化，照明採用了高色溫的白光燈泡。

改良的部分是將滾筒鐵板增厚，並將原本一排的瓦斯噴燈增加到兩排。靠近滾筒並會影響直火溫度的上排噴燈，會保持一定的瓦斯壓力。然後藉由稍微遠離滾筒，會影響熱風溫度的下排噴燈控制熱量。

一般為了防止空氣外洩，都會用膠帶補強排氣管的連接處，但這樣在膠帶失去黏性得要重新纏繞時，反而會使排氣條件改變，所以就保持原貌加以使用。

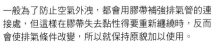

沒有煙囪，從無煙過濾器伸出的排氣管就這樣直接拉到外頭。

用外附軟管吸入消煙粉，讓粉塵進到筒狀的過濾器中，這層粉塵能夠吸附煙氣，累積太多髒污就會更換新品。

AMAMERIA ESPRESSO的咖啡製作流程

挑選生豆

生豆是經由Wataru公司（股）購入，會親赴公司杯測後再做挑選，精緻咖啡會以自己杯測得到80分以上的生豆為基準。此外，還會注意不讓咖啡豆的個性重疊。

重視排氣溫度

除了豆溫度外，還會隨時觀察排氣溫度的變化。會藉由觀察排氣溫度，判斷咖啡豆是否有承受到適當的熱風。如果出現誤差，就調整下排瓦斯噴燈的火力（遠火）。

品嚐各種萃取下的味道

烘焙好的咖啡豆會從隔天開始，經由濃縮咖啡（espresso）、美式咖啡、卡布奇諾、濾紙滴濾法、法國壓等各種萃取方式品嚐味道。這些萃取作業不會趕在1天之內完成，但會在1週之內結束。

該店的綜合咖啡是製成濃縮咖啡販售，會用烘焙深度與研磨粗細度相似的單品咖啡調配。在使用2～3種巴西產咖啡豆調配的「Noir」，與用3種不同國家的咖啡豆調配的「Rouge」之中，這次選擇了「Rouge」進行烘焙。

「AMAMERIA綜合咖啡 Rouge」，是將巴西咖啡豆與哥斯大黎加咖啡豆、瓜地馬拉咖啡豆以4：3：3的比例調配而成。比例會根據季節與咖啡豆的狀態做調整。

巴西 SOL DO PARAGUASSU莊園

地區／巴伊亞州Chapada Diamantina
栽培標高／1100m
品種／卡杜艾（Catuai）
精製法／巴西式半洗處理（Pulped Natural）

杯測評語
乾淨（crisp）、伯爵茶、檸檬皮

哥斯大黎加 La Candelilla

地區／Tarrazu
栽培標高／1400～1600m
品種／卡杜艾
精製法／水洗式（Full Washed）

杯測評語
紅酒、花香、巧克力、可可亞

瓜地馬拉 La Felicidad莊園

地區／薩卡特佩克斯省安地瓜
栽培標高／1530m
品種／阿拉比卡、波旁、卡杜拉
精製法／水洗式（Full Washed）

杯測評語
鮮明、牛奶、甜巧克力、柑橘

ROAST DATA

烘焙時間：2011年6月24日　9：45
生豆：混合（巴西、哥斯大黎加、瓜地馬拉）
烘焙度：中深焙
烘焙機：Lucky Cremas　半熱風式4kg
　　　　天然氣
生豆投入量：2.5kg
第二批次
天氣：晴天

在烘焙時，會同時確認豆溫度與排氣溫度調節火力。此外，水分蒸發的情況會用香味判斷，停止烘焙的時機會用爆音與溫度判斷。不太會去注意豆色。

「AMAMERIA綜合咖啡 Rouge」具有甘甜的濃厚口感，並在明亮的印象下，散發著宛如花朵或水果般的豐富香氣。除了用義式咖啡機萃取外，還有提供滴濾萃取與法國壓萃取的方法。咖啡豆售價100g 600日圓、200g 1000日圓。

Coffee Roasting Data

1 預熱

點火時的瓦斯壓力，要用上排0.6kPa、下排0.9kPa的強火開始，隨後再慢慢縮減。在花費20～30分鐘加熱到225℃後，就讓溫度自然下降。

2 保持一定的投入溫度與投入量

烘焙時的室內溫度要整年保持一致，投入溫度也要常保相同設定。第一批次是在206℃，第二批次以後是在200℃時投入，投入量大都統一為2.5kg，投入生豆時的瓦斯壓力，上排為0.6、下排為0.7，排氣閥為5.5（排氣閥共有13段調整）。

3 回溫點大都落在93～98℃

可透過步驟 2 維持相同的環境條件，讓回溫點穩定落在93～98℃。取樣時的回溫點為95℃／2分15秒～2分38秒。

110℃～160℃

4 確認豆溫度與排氣溫度的上升

確認豆溫度上升與排氣溫度的經時變化。會特別注意豆溫度達到110℃的時間，要是與過去的烘焙資料不同，就會調整烘焙火力（上排的瓦斯壓力固定、僅操作下排的瓦斯壓力）。但初次烘焙的咖啡豆，有時也會視情況重新設定基準值。
取樣是在135℃／6分14秒的時候，由於排氣溫度的升溫率太高，因此將下排瓦斯壓力調降為0.3kPa。

160℃

5 用香氣判斷水分是否蒸發完畢

在160℃時取出咖啡豆，用香氣判斷水分蒸發的情況。取樣時是在165℃／9分11秒時確認蒸發完畢，因此將下排瓦斯壓力提升到0.7kPa，並將排氣閥開到7，然後在180℃時將排氣閥開到8。

191℃～

6 在第一爆途中調降瓦斯壓力

第一爆是在191℃／12分10秒時開始。在第一爆巔峰的201℃／13分時，將下排瓦斯壓力調降到0.4kPa。因為咖啡豆本身的熱能會加快升溫速度，所以會在這時調降火力。接著在209℃／14分25秒時結束第一爆。

7 用爆音與溫度判斷停止烘焙的時機

在第一爆過後，就注意爆音與溫度變化直到停止烘焙。取樣時是在217℃／15分時確認到第二爆聲音，並將排氣閥開到9排放煙氣。在217℃／15分27秒時停止烘焙。排出烘焙鍋的咖啡豆，會一邊冷卻一邊檢查狀態，假如有發現到瑕疵豆，就會進行手選作業。之後將上排瓦斯壓力調為0、下排調為0.7，等間隔5分鐘後，開始下一批次的烘焙作業。

ESPRESSO FELICE ROASTER

エスプレッソ・フェリーチェ・ロースター

東京・雜司が谷

重視味道的客觀性
透過反覆嘗試錯誤後
尋得的樸實手法
進行渾然天成的
烘焙作業

為讓客人立刻飲用供應的濃縮咖啡,店內會特意營造出與讓人長時間放鬆的空間完全相反的空間。烘焙機設置在店裡最內側,會在咖啡店打烊的時候進行烘焙。

店內也有販售自家烘焙的咖啡豆。此外,還有供應以巴西咖啡豆為基底的綜合濃縮咖啡,並會隨時準備5種單品咖啡。

從烘焙作業到經營咖啡店,一手包辦所有業務的店長——武藤幸久先生。今後也將計畫擴大批發業務。

就如同店名所示,「ESPRESSO FELICE ROASTER」是以濃縮咖啡為主軸的自家烘焙咖啡店。店長武藤幸久先生原是廚師出身,曾經營過以餐點為中心的義大利風格咖啡店。他當時對咖啡不甚了解,就不假思考地購買義大利烘焙的咖啡豆,再沖泡成濃縮咖啡提供給客人。

隨後,他開始對咖啡感到興趣,並在神戶的「GREENS Coffee Roaster」咖啡店中遇到了精緻咖啡。以此為契機,過去從未在意手選作業與烘焙後日數的武藤先生開始鑽研起咖啡學識。之後,他嘗試向許多烘焙師購買烘焙豆,而這些彼此截然不同的咖啡,也讓他感到了衝擊。此外,他基於想要了解原料的念頭,而開始學習烘焙,但光是聽人口述,卻也實在是難以讓他把握到要領。身處於知道食材就能自行調理的料理界中,這項差異令武藤先生感到不耐,緊接著就讓他萌生「不親自烘焙看看,是沒辦法搞懂任何事情的!」

的想法。此後他成為咖啡吧檯師傅參與咖啡相關事務,但光靠如此習得的技術也有限,考慮到今後的情況,他覺得自己必須要具備烘焙的知識與經驗,並在2008年開了一間自家烘焙的咖啡店,也就是該店「ESPRESSO FELICE ROASTER」。

經由自學反覆嘗試 最後達到樸實的烘焙手法

武藤先生在剛開始烘焙時,曾向多位前輩烘焙師請教。不過他並沒有直接仿效他們的手法,而是以特有的烘焙手法為目標,就連在開業後也不斷地反覆嘗試。

在最初的時候,一切都還處於摸索階段,他是從設定不佳的瓦斯壓力與排氣閥、溫度沒有上升、爆音沒有出現的階段開始嘗試。在接下來的一段時間內,他每天改變當做基準的項目,像是投入溫度或回溫點等,並且頻繁地操作瓦斯壓力與排氣閥,有時甚至會到他來

不及收集資料的程度。但就在他反覆烘焙、不斷累積優質資料的過程中,他在烘焙時的基準與操作方式也逐漸縮減。

在某段時期,是將目標集中在回溫點上,他會為了達到某個回溫點溫度而變更瓦斯壓力與投入溫度。不過,他最近則是覺得,以決定成品的方式烘焙會比較容易理解,並把在12分鐘內達到180℃設為最大基準。這樣一來,主要就是根據各種咖啡豆來調整投入溫度,除此之外的要素,就不會去太過追求細節。雖說是一定會確認基準溫度,但是進行到第二爆之後的烘焙會以第二爆為基準,而在此之前就停止的烘焙,則是會參考香味與咖啡豆本身的冒煙方式等。也由於烘焙手法已經穩定,據說升溫率現在已經不太會偏離了。

操作方法也很簡易,現在瓦斯壓力大都會保持一定,而為了不讓咖啡豆受到多餘損傷,烘焙時幾乎不會去動到瓦斯壓力。火力最初會調得非常大,好讓溫度能持續上升到烘焙的後半階段。他以前曾試著用較弱的火力烘焙,但聽說升溫溫度到後半段就會開始減緩,感覺有些後繼無力。以現在的火力,約15分鐘左右就能達到中度微深烘焙。

唯一會控制火力的操作,是在達到180℃後約過1分多鐘時,在第一爆途中稍微調降瓦斯壓力。此舉是為了讓接下來的溫度能夠平穩上升。此外,由於店內使用天然氣,瓦斯壓力有時會出現微妙的差異,所以也不能忘了要隨時檢查瓦斯壓力表。另一方面,排氣閥要用心保持在「適當」狀態。適當狀態是指用自然風量,排出烘焙鍋內部在烘焙時的膨脹空氣,以及咖啡豆本身冒出的蒸

咖啡店內使用日本只有幾台、曾在WBC(World Barista Championship)上使用過的「La Marzocco FB80」。三孔式設計的穩定性也十分出眾。

拿鐵咖啡 330日圓

氣。藉由讓排氣閥保持不開太大也不關太緊的適中位置，試圖讓咖啡豆順利受熱。

隨著烘焙作業進行，烘焙鍋內壓一旦變化，排氣閥的適當位置也會跟著改變，因此要頻繁打開生豆投入口，伸手查看，配合感受到的觸感調整排氣閥。伸出去的手在漸漸感到熱度後，約再過30秒左右，烘焙鍋就會熱起來了，但等到這個時候再調整就太慢了。也就是說，重點在於要隨時預測、盡早調整。這部分的微妙操作，他是在烘焙的過程中掌握各種咖啡豆的個性，每天進行調整。

味道是以自己的舌感為基準
但也重視顧客與前輩的意見

烘焙過後，武藤先生會間隔半天再進行手選作業，而基本上是使用法國壓確認味道。此時要是發現到介意的地方，就會重新審視烘焙資料，改變認為是主因的部分，用同一種咖啡豆再次進行烘焙作業。

然後，這次會與其他2種不同的咖啡豆，以及第一次烘焙時的咖啡豆，總共4種咖啡豆，用盲測的方式進行杯測。要能夠從中辨別出第一次烘焙時，有感覺到問題的咖啡豆，他才能夠接納杯測的結果。要是這樣也沒辦法修正問題的話，他就會不斷地反覆烘焙。之後還會請熟客幫忙試飲，聽取他們對味道的客觀感想。此外，他也會請其他烘焙師品嚐味道，將他們覺得好喝時的資料做為參考。獨自烘焙的武藤先生，為避免讓自己太過迷惘並且陷入自以為是的心態，會積極地接納他人的意見。

經歷過料理人與咖啡吧檯師傅身分
重視顧客感受的構成味道

除了咖啡店與店內零售業務外，武藤先生還有經手烘焙豆的批發業務，因此在量多的月份會販售500kg，平均每個月也有販售300kg的咖啡豆。現在早上烘焙3～5次、晚上烘焙4～5次，量多時一天會烘焙10次。

每次的投入量固定為3kg，然後會

記錄下每次烘焙的資料，並會在上頭寫上顧客與其他烘焙師對其味道的評價，做為烘焙時的重要資料。他就是藉由這些資料的累積，發展出自己獨特的烘焙手法。

生豆是向曾指導過他烘焙的神戶「MATSUMOTO COFFEE」購買。由於雙方往來已久，又彼此信任，因此不會詳細指定購買的品種和其他要求。咖啡豆的大小與厚度是依照標準大小，還會考慮到批發對象的情況，委託「能夠持續使用的生豆」，並告知咖啡豆的使用目的，先聽取對方的建議，隨後再從中選購生豆。

每一次的烘焙作業，他都會根據用途變更所重視的要素。舉例來講，濃縮咖啡就會重視它的巧克力感，而在店內提供、零售的滴濾用咖啡豆，則是會選擇重視它的水果風味。

此外，儘管同是濃縮咖啡用咖啡豆，店內使用與批發販售的咖啡豆用途也都各有不同。店內的咖啡店空間會經常有人點濃縮咖啡飲用，但在批發對象的咖啡店裡，則是卡布奇諾與拿鐵咖啡比較多人選用。基於此點，批發用的烘焙豆就會以搭配牛奶飲用為前提，加深

烘焙深度。此外，辦公室用的滴濾咖啡會假設有各種喜好的人會飲用，而在烘焙時注重咖啡口感的平衡性等，他還會像這樣考慮到批發對象的味覺，調整咖啡的味道。

他為了更加提升店內的烘焙量，目前正在進行建立新烘焙研究室的計畫。除此之外，不單只是提供批發對象烘焙豆，還要向他們提案咖啡的使用份數與季節性的飲料菜單等，目前也正在企劃這種意圖提升批發對象的飲料等級的活動。今後也將預定擴展讓身兼咖啡吧檯師傅與烘焙師的他大為活躍的舞台。

ESPRESSO FELICE ROASTER
東京都豊島区高田1-38-12　目白ガーデンハイツ106
電話／03-6905-144
營業時間／12：00～19：00（18：30 LO）
休假日／不定期休假
http://esp-felice.sblo.jp

烘焙機採用富士珈機的半熱風式5kg烘焙鍋。機體上裝有無煙過濾器，排氣管就直接裝在換氣風扇上頭。

肯亞
GacchamiAB

在世界各地具有高人氣且難以入手的稀有咖啡豆。具有柑橘系的風味、甘甜，以及強烈的濃郁感。會在綜合咖啡中添加少許帶出肯亞咖啡豆的個性。

瓜地馬拉 Finca La Providencia莊園

在高標高農地栽培而成，經由天然日曬的咖啡豆。具有純淨酸質，並帶有牛奶巧克力般的柔順口感。採用中度微深烘焙。

FELICE的咖啡製作流程

預熱

用中火花費20分鐘加熱至200℃，並保持此狀態10分鐘。之後暫時降溫到120～130℃，然後再次加溫至200℃。重複2、3次這個過程，排氣閥要保持適當狀態。

批次數、烘焙量

早上烘焙3～5次、晚上烘焙4～5次，量多時一天會烘焙10次。每次的投入量固定為3kg。

記錄資料

每次烘焙都會留下該次的烘焙紀錄。在嚐完味道後，還會在資料上寫下自己、顧客，以及前輩烘焙師等人對味道的感想，製作成能活用在往後烘焙上的資料。

手選作業

烘焙完後，會間隔半天，待烘焙豆冷卻後進行手選作業。會挑掉色澤不好、瑕疵的咖啡豆以及雜質等。

杯測

基本上是用法國壓品嚐味道。當發現問題時，會在調製過後再次烘焙，然後加上先前烘焙的盲測，再次確認問題是否修正。

在自學烘焙後，他在反覆嘗試之下建立的烘焙手法，是極力排除多餘的操作步驟，追求簡易的手法。為避免給予咖啡豆多餘的壓力，會在後半段平緩地提高溫度。

巴西 土丘可莊園

地區／巴西　米納斯吉拉斯州南部
栽培標高／1100～1260m
品種／新世界（Mundo Novo）、Akkaya、卡杜艾、
　　　伊卡圖（Icatu）、黃波旁
精製法／巴西式半洗處理（Pulped Natural）
水分含量／約11%

受惠於巴西國土內的優秀地質，在細心照料的農園中生產的咖啡豆。經由巴西式半洗處理，以顯著的甘甜為特色，同時也具備濃郁感與柑橘系的酸味。

ROAST DATA

烘焙日期：2011年6月5日　19：30
生豆：巴西　土丘可莊園
烘焙深度：中度微深烘焙
烘焙機：富士珈機半熱風式5kg　天然氣
生豆投入量：3kg
第一批次
天氣　晴

調整生豆的投入溫度，讓溫度在12分時達到180℃。瓦斯壓力除了要在第一爆後調降外，幾乎不會去動到。讓排氣閥保持在適中位置，根據情況隨時更動。

烘焙時間	豆溫度(℃)	瓦斯壓力(kPa)	排氣閥(1～10)	現象
00:00	175	1.9	4.5	
01:00	113			
02:00	96			回溫點（95℃／2:18）
03:00	99			
04:00	109			
05:00	119		5（122℃／5:10）	
06:00	129			
07:00	140			
08:00	149			
09:00	157			
10:00	165			
11:00	173			
12:00	181	1.6（188℃／12:53）	5.5（188℃／12:28）	第一爆（185℃／12:28）
13:00	189			
14:00	195			
15:00	202			第二爆（208℃／15:40）
15:46	209			停止烘焙

※排氣閥1是關，10是全開

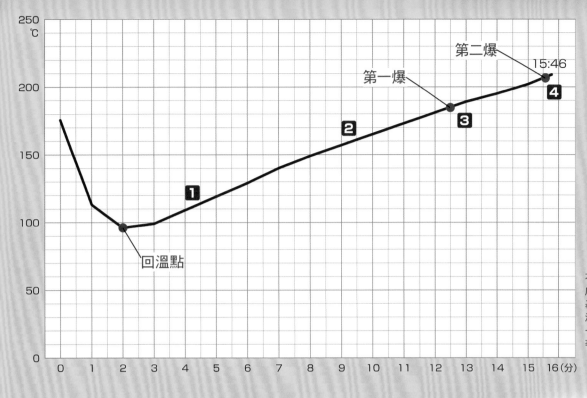

第二爆

第一爆

15:46

4

3

2

1

回溫點

不會太過在意回溫點溫度，是以12分180℃為基準，在穩定狀態下讓溫度平緩上升。會在第一爆過後調降火力，接著再讓溫度平緩推進。

1 伸手尋找適當位置

排氣閥要以隨時保持適當狀態為目標。為此，必須要隨時把手伸到生豆給料斗上，確認是否有感受到熱度。假如有熱氣竄上，就要打開排氣閥進行調整。

2 在160℃時再次確認

在溫度約達到160℃時，是容易竄升熱氣的時間點，因此一定要伸手查看。儘管這次烘焙的情況不同，但要是感受到水蒸氣或熱度，就要打開排氣閥進行調整。

3 在第一爆途中 調降火力

在達到做為基準的180℃後，約過1分鐘左右，在第一爆途中稍微調降火力。這樣一來，接下來溫度就會平緩上升，讓生豆緩慢加熱。

考慮到要引出苦甜巧克力般的味道與甘甜，而採用中度微深烘焙。還會用做為綜合咖啡的基底與單品咖啡販售。

4 在第二爆開始時 迅速停止烘焙

在第二爆來臨後，烘焙會以非常快的速度進展，因此要十分謹慎的注意升溫率與咖啡豆的狀態。當烘焙進行第二爆來臨時，就要在第二爆開始時關火，用餘溫進行到停止烘焙。

ROSTRO JAPAN
ロストロ ジャパン

東京・代代木公園

注重溫和餘韻與冷卻時的甘度。會將批發店家的顧客放在第一順位，並在萃取與咖啡食譜上予以協助。

ROSTRO JAPAN是以咖啡店或餐廳等餐飲店為主要交易對象，是一個烘焙咖啡豆乃至於販售的批發烘焙業者。東京澀谷區的烘焙室所烘焙好的咖啡豆，會盡早手選並運送到日本各地。在烘焙室的工作室裡還設有試飲、開發飲料菜單、訓練咖啡吧檯師傅以及與顧客協商的空間，不只經手咖啡豆的批發業務，還會協助顧客店家走向繁盛之道。「ROSTRO」在西班牙語中是表示「臉」的意思，而正是這種露臉的服務，令ROSTRO JAPAN掌握了許多忠實顧客。

以該公司的品牌「Cafe Rostro」發展的咖啡種類豐富，多達20～30餘種。而從中配合顧客的用途與需求搭配商品、穩定供給，則是該公司代表清水慶一先生的得意之處。清水先生表示，「最理想的，還是由顧客指定『我要這種味道』後，我們再配合要求進行烘焙。但大多數的顧客都只想要萬能的咖啡豆，僅靠一種咖啡豆就要同時對應滴濾咖啡與濃縮咖啡。」這種時候，他就會提供菜單試喝或反覆地針對觀念商討，逐步加強顧客對於產品的印象。

目標是用纖細的均衡口感
沖泡出就算涼掉也很好喝的味道

儘管要傾聽顧客的意見，但也不能缺少ROSTRO品牌特有的味道。顧客經常異口同聲地表示，「外觀明明就是深焙豆，為什麼喝起來如此地清淡好入喉啊？」ROSTRO的咖啡豆，儘管會確實烘出色澤，但卻不會帶有刺激性的酸味與苦味。此外，還能當做「能在與人聊天時悠閒飲用的飲品」，將味道的重點放在溫和餘韻與冷卻時的甘度上。

符合最近的流行趨勢以強烈酸味為特色的咖啡是越來越多，但這也讓人開始擔心，在實質上會不會大大偏離了一般消費者的感受。清水先生說道：「專家由於每天都得與烘焙為伍，所以會在無意間追求刺激，易偏向『過酸』或『過苦』的口味。自己說不定也是如此，畢竟專家總有種將喜好強壓於人的傾向。」對清水先生而言，批發對象的店家是相當重要的存在。也正因為如此，他才想做出將該店的顧客置於第一順位的「好咖啡」來。清水先生心目中的好咖啡條件乃是「優秀原料、最適當的烘焙機、出色的烘焙師」。唯有這3樣要素巧妙地均衡搭配，始能完成一杯好咖啡。

測試烘焙分為5～6個階段。
找尋更加正確的生豆性質

當做原料的生豆是向美國的代購業者與日本的貿易公司購買的，不過主要的管道還是美國的代購業者，因此就連日本極為少見的咖啡豆也能穩定購得。清水先生具有CQI（國際咖啡品質協會）的國際咖啡品質鑑定師執照，而為了強調這點，他在選擇咖啡豆時的審查基準十分嚴格。他不僅一定會進行杯測，還會不拘泥於是否冠有精緻咖啡之名，單純靠味道與價格判斷。

而且，他還會取得大量樣本豆，將烘焙度分為5～6個階段進行烘焙。藉由改變烘焙度的方式，可更加熟悉咖啡豆的個性。比方說酸味的性質與強弱、可承受到多少度的溫度等情況。透過這種烘焙測試方式，將能夠更加明確地訂立「這種咖啡豆似乎能活用在這方面上」之類的預測，很少會有在購入後不知道該怎麼烘焙的情況。

而在與莊園與代購業者的相處過程中，他最重視的是「長期」合作關係。他認為一旦開始合作，就要持續5年、10年，以建立彼此間的信賴關係。儘管也有從得獎豆或莊園名切入市場，每年更換合作莊園的做法，但清水先生更重視儘管少量也要定期購買的方式，他表示，「這種並不只靠金錢決定的買賣也很重要。」儘管少見，但就算是精緻

在2002年登記原創品牌「Cafe Rostro」的商標，並開始批發業務。經手的種類多達20～30種，會分為餐廳、咖啡店店的業務用咖啡豆，以及辦公室用咖啡豆等等，配合用途分別烘焙。

清水先生不會記錄詳細的資料，而是「靠外觀與感覺烘焙」。其結果就是讓烘焙好的咖啡豆儘管帶有深焙的色澤，但實際喝起來卻有淺焙的柔順印象。

擔任「ROSTRO JAPAN」代表的清水慶一先生。他除了一手包辦該公司的烘焙作業外，還以萃取講師的身分而大為活躍。從食譜開發到菜單提案，給予顧客綜合性的協助，讓公司的忠實客戶逐漸增加。

ROSTRO JAPAN
東京都渋谷区富ヶ谷 1-14-20 サウスピア10B
電話／03-5452-1450
http://www.rostro.jp

咖啡豆，有時也會摻入少許的瑕疵豆。但就算如此，他也不會終止合作，而是向對方提出「最好能夠改進這點」的建言。藉由這種合作方式，雙方將能夠建立良好的信賴關係，就結果來說，大都能繼續供給公司優質的咖啡豆。

對清水先生來說，最具魅力的咖啡豆，就是帶有纖細的均衡口感、明確的特色且個性十足的咖啡豆。會重視招牌商品的穩定感是理所當然，但他同時也會活用咖啡豆的個性，採用偏好的烘焙手法帶出趣味性。據說喜歡咖啡豆個性的咖啡店就很享受這種變化，並會當做限定商品提供給顧客。

天氣等外部變因
要靠烘焙師用烘焙手法彌補

話雖是這麼說，餐廳等餐飲業還是會傾向於追求穩定品質，所以該公司最為重視的就是「商品的穩定性」。理所當然的，在烘焙這方面上，想要每次都毫無差異地進行相同的烘焙作業是很難，不過卻能辦到毫無偏差的烘焙作業。清水先生認為「烘焙師雖然是照規定作業，但除此之外有關天候影響等，也必須要由操作者去加以彌補。」

他愛用的烘焙機是美國製的「Diedrich」（IR12），儘管不能忽略其良好的設計，但原本是在經營莊園的Diedrich家族的烘焙機，也受到許多

烘焙師公認，能夠讓人進行熟悉咖啡豆情況的烘焙作業。清水先生也給予「最適合烘焙精緻咖啡的烘焙機」的評價。機體上裝有後燃器，而排氣是採用雙煙囪設計，並拉到3樓屋頂上。

感覺優於數字，參考外觀與
爆音決定停止烘焙的時機

清水先生是用「料理」來表達烘焙。他在烘焙時最為重視的是「感覺」。而他所謂的感覺，就是身體基於過去的累積與經驗所學到的事物。要是太過依賴資料，感覺就會變得駑鈍，因此他不會記錄詳細的資料。儘管會在意相對時間的豆溫度上升率，但偏離基準1～2℃的誤差者還在容許範圍內。所以與其在意這點，倒不如根據豆色、膨脹度和爆音，尋求好喝咖啡的出爐時機。清水先生說：「舉例來講，烤肉也會有這種感覺。就是『現在好像很好吃了！』的時機點。」咖啡無法在事後靠調味料彌補味道，只能靠烘焙作業完成咖啡豆，所以「在烘焙時，根據感覺調整味道的感受力也很重要」。在烘焙後，他會用濾紙滴濾或濃縮咖啡（espresso）來品嚐（Tasting）味道。過去也曾有過味道偏離規定範圍的情況，但之所以能夠確實修正回來，也全靠他時時鍛鍊技術與感覺而來的經驗所賜。

「ROSTRO JAPAN」創立於2002年，原本是「最討厭咖啡刺舌酸味」的清水先生，偶然在親手烘焙的咖啡豆中感受到「甘甜」而開始的興趣事業。據說他直到現在，都還會因為在餐廳或旅館喝到難喝又貴的咖啡而感到沮喪。他認為「原價一杯不過才5日圓、10日圓的差距，而且還是杯飯後咖啡。改變店家這種咖啡只要顏色有出來就好的觀念，也是我們的職責所在。」「讓討厭咖啡的人，喜歡上咖啡的瞬間，就是我最幸福的時候。」如此表示的清水先生，今天也依舊與烘焙為伍。他今後也會將透過網路的零售販賣等業務納入視野，朝成為向全世界誇耀的品牌邁進。

擁有兩台「Diedrich IR12」。不僅排氣十分確實，還是台就連極少量生豆也能夠烘焙的機器，所以還會用來進行樣品烘焙。

煙囪是從安裝烘焙機的大樓一樓，拉到3樓的屋頂上。由於熱風溫度會達到超過400℃的高溫，因此採用雙煙囪設計。

在烘焙空間裡的「工作室」，主要是用來提供濃縮咖啡及滴濾咖啡的試飲，同時也能與客戶協商。也一併附設定溫保存生豆的儲藏室。

ROSTRO JAPAN的咖啡製作流程

目標味道

目標是冷掉後依舊會殘留美味餘韻，帶有柔和酸味與苦味的咖啡口感。烘焙時會盡力抑制「甘度」的數值，保持酸味與苦味的平衡。

預熱

以2.0 inch WC的瓦斯壓力暖機15分鐘。在烘焙機整體溫度提升之前要特別注意。

批次數、投入量

量多時，一天會進行15～20批次，將近烘焙100～150kg。生豆投入量最少300g、最多可達12kg，但大都是烘焙12kg的量。平均每月會烘焙1.5噸的生豆。

從採購到商品化的流程

購買生豆

除了國內的貿易公司外，主要是透過美國的代購業者購買。該公司會與開始合作的代購業者及莊園保持長期關係，建立彼此間的信任，並將這視為公司的財產，就算量少也一樣會定期購入。

樣品烘焙

在選購生豆時，一定會進行樣品烘焙與杯測作業。此時會將烘焙深度細分為5～6個階段，藉此找出生豆的正確特徵。杯測會按照SCAA的方式進行。會用具體的方式表達味道的特徵，並在此階段決定實際烘焙時的烘焙深度。生豆會存放在儲藏室中。

正式烘焙

購得的生豆在測量好水分含量後，要是沒有問題，就會跳過測試烘焙，直接依照杯測時的烘焙深度烘焙商品用的咖啡豆。

品嚐（Tasting）
只要是烘焙好的咖啡豆都會進行品嚐。萃取方式採用濾紙滴濾及濃縮咖啡。並確認冷卻狀態下的口感均衡與餘韻。

規格表上會填寫咖啡豆的基本資料、烘焙日期、保存期限，以及該豆是否為精緻咖啡豆，並張貼在存放咖啡豆的冷藏櫃上。而在實際裝袋時，也會將這些情報抄寫到背面標籤上。確實做到情報的公正公開。

STRO JAPAN's Roasting

清水先生沒有設定基本的標準化流程。比起資料，他更重視實踐所累積的感覺。會隨時觀察瓦斯噴燈、咖啡豆的樣子與溫度變化，調整火力。

ROAST DATA

烘焙日期：2011年6月24日 15：50
生豆：蘇門答臘咖啡豆
烘焙深度：第二爆前
烘焙機：Diedrich半熱風式12kg　天然氣
生豆投入量：3.5kg
第一批次
天氣：晴

在樣品烘焙時，該咖啡豆在稍微提高瓦斯壓力加快烘焙時間下出現的酸味，比用小火仔細烘焙15分鐘以上時來得純淨，因此就參考這點進行正式烘焙。

烘焙時間	豆溫度（℃）	瓦斯壓力（inch WC）	排氣閥	現象
0:00	190	1.5	20%	
1:00	86			回溫點（82℃／1:40）
2:00	95	2.5		
3:00	105			
4:00	115			
5:00	127			
6:00	139			開始出現色澤
7:00	153		50%（160℃／7:30）	變成鮮褐色
8:00	166	1.5		
9:00	180			
10:00	194	2.0	80%（190℃／9:40）	第一爆（198℃／10:20）
11:00	206			
12:00	214			
13:00	220	0.5		
13:22	222			停止烘焙（222℃／13:22）

蘇門答臘 曼特寧

地區／蘇門答臘
栽培標高／1500m
精製方式／蘇門答臘式
水分含量：12.0%

儘管以泥土味與咖啡豆特有的香氣為特徵，但喝起來卻有種纖細口感。是清水先生相當中意的咖啡豆，他表示「它能烘出純淨的酸味，就算涼了也很好喝。」

ROAST DATA

烘焙日期：2011年6月24日
　　　　　16：20
生豆：哥倫比亞咖啡豆
烘焙深度：第二爆前
烘焙機：Diedrich半熱風式12kg
　　　　天然氣
生豆投入量：4.0kg
第二批次
天氣：晴

與蘇門答臘咖啡豆相同，是在第二爆前停止烘焙，成品帶有柔和爽口的酸味，並散發著優質香氣。

烘焙時間	豆溫度（℃）	瓦斯壓力（inch WC）	排氣閥	現象
0:00	190	1.5	20%	
1:00	85	2.0		回溫點（82℃／1:33）
2:00	95			
3:00	105	2.5		
4:00	117	3.0		
5:00	130			開始泛黃
6:00	144			開始出現色澤
7:00	158		50%（160℃／7:10）	
8:00	170	2.0		變成鮮褐色
9:00	182			
10:00	192	1.5	80%（190℃／9:45）	第一爆（198℃／10:40）
11:00	203			
12:00	211			
13:00	218	1.0		
13:55	225			停止烘焙（225℃／13:55）

哥倫比亞

地區／哥倫比亞烏拉地區
栽培標高／1800m
精製方式／水洗式
水分含量／11.8%

在山岳地帶的肥沃火山土壤中栽培而成。果實感飽滿的甘甜後勁充滿魅力，能充分享受滑順舌感與芳醇香氣。

※1 inch WC為0.249kPa

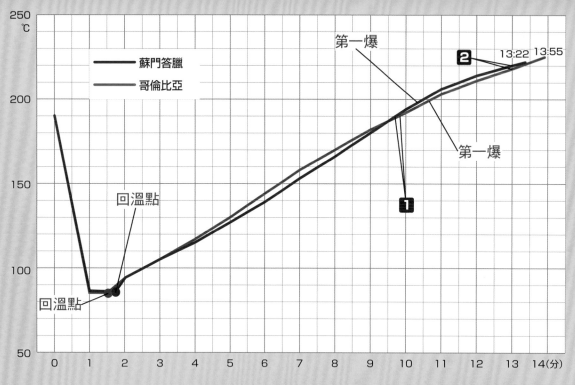

第一爆

回溫點

回溫點

第一爆

13:22 13:55

為引出蘇門答臘咖啡豆的純淨酸味，因此烘焙時間會設定得比較短暫。而哥倫比亞咖啡豆儘管是以相同的烘焙作業為目標，但由於投入量之類的差異，升溫率與停止烘焙的時機多少會有些偏差。

● **注意升溫率並調整瓦斯壓力**

要留意觀察時間與升溫速度。特別是在5分鐘、10分鐘的觀察重點，假如出現偏離，就要調整瓦斯壓力修正。可從正面的窗口看到瓦斯噴燈，因此不會依賴瓦斯壓力表，而是觀察實際的火焰判斷熱量。

1 在190℃時全開排氣閥

一旦外部空氣侵入，烘焙作業就會受到外部氣溫的變化影響，因此排氣閥基本上會維持在「關（排氣20%）」的狀態。但為了排放滾筒內部的蒸氣，會在160℃時將排氣閥開到「中央（排氣50%）」、在190時開到「開（排氣80%）」。

2 仔細確認取樣匙，用外觀判斷停止烘焙的時機

一旦接近停止烘焙的時機，就要頻繁取出取樣匙觀察咖啡豆的狀態。套用過去的經驗，用咖啡豆外觀的色澤或膨脹度進行判斷。

照片中是烘焙好的蘇門答臘曼特寧咖啡豆。比起外觀給人的印象，喝起來的味道十分柔和。

超小型烘焙機的 Discovery 烘焙技巧

ワイルド珈琲（東京・淺草橋）

人們對於咖啡烘焙的興趣，以著各種形式散布開來。不僅咖啡廳店長及咖啡吧檯師開始嘗試烘焙，就連一般人藉由手網烘焙或家用烘焙機，享受專屬於自己的美味咖啡的情況也大幅增加。而在這股潮流之中，東京淺草橋的「ワイルド珈琲」，在長年經營專對烘焙初學者的手網烘焙及小型烘焙機的烘焙教室之下，獲得了眾多死忠客層。該店隨同烘焙豆的零售業務，經由店面及網購管道販賣生豆。此外，還收到許多來自一般用戶及希望經營自家烘焙咖啡廳的人有關烘焙的詢問。該店會將這些問題的答覆與烘焙訣竅盡數公開在自家網頁上，持續努力讓民眾了解這個愉快的咖啡世界。這次就由ワイルド珈琲實際介紹他們的烘焙教室，藉由超小型烘焙機「Discovery」來教授烘焙技巧。

富士珈機（股）開發的Discovery是台半熱風式，麻雀雖小卻五臟俱全的業務用烘焙機，可用與一般1～3kg的業務用烘焙機相同的程序進行烘焙。每次可烘焙的生豆重量為250g。

ワイルド珈琲創立於1981年。經手的生豆種類將近100多種，其中有八成都是精緻咖啡豆。而生豆的訂單來自日本各地，當中大都是一般消費者的訂購。現在光是生豆，每個月就能販賣將近12噸的量。

集中精神注意碼表與溫度計，
適當地控制溫度上升。
將目標放在重視甘度
與爽口度的烘焙上。

「ワイルド珈琲」的代表天坂信治先生。19歲踏入烘焙之道，於30歲時自立門戶。不僅在家中自行研發可烘焙好喝咖啡的原創300g小型烘焙機，還經由各式各樣的管道，希望將自家烘焙的樂趣推廣開來而每日勤奮不懈。

該店的烘焙教室最重視美味烘焙咖啡的重現性，同時也會教授學生簡單的重現方法。

在烘焙時，時間與溫度之間的關係十分重要，但能烘焙出美味咖啡的範圍卻非常狹隘，因此必須要集中精神注意碼表與溫度計，以避免時間與溫度超出這個範圍。建議最好是採用一邊判讀之後的溫度進展，一邊操控火力與排氣閥，並確實留下烘焙紀錄的方式。

美味的烘焙咖啡，是以剛出爐時的優質甘甜與爽口感為基準，並且十分重視這兩項要求。而待2～3天後，還要再次確認咖啡的甘度與爽口感，並檢查咖啡豆是否有出現風味特性與濃郁感。要是這份美味能夠維持一個禮拜，就算是一次不錯的烘焙，而這種保存期限長久的咖啡，甚至可以當作烘焙豆販售。

在使用Discovery烘焙機時，首先會採用保持回溫點的方式，做為重現烘焙結果的方法。接著，再讓每分鐘的升溫速度維持相同的上升率。等到生豆投入過3分鐘左右後，就將每分鐘的升溫率記錄下來。

重視甘度與爽口度的烘焙作業，要調整火力，在第一爆來臨前維持每分鐘約10～11℃的升溫率，接著頻繁地變更火勢，在第一爆後維持每分鐘8～9℃的升溫率、在第二爆後維持每分鐘5～6℃的升溫率。而既然回溫點相同、每分鐘的升溫率也相同，那只要出

爐的溫度一樣，就能夠重現咖啡的味道了。

從自己喜歡的咖啡豆開始

今後即將開始烘焙的人，其共通點大都是想要「易於烘焙的咖啡豆」的人，或是想要購買高價生豆的人。因為不可能一開始烘焙得非常完美，所以不論是容易烘焙的生豆還是難以烘焙的生豆，實際上都相差無幾。因此，我認為最好的辦法，還是先選擇自己最喜歡的咖啡豆、用自己最喜歡的烘焙方式去練習。既然是自己喜歡的咖啡豆，那就算稍微失敗也會覺得好喝，但要是不合胃口的咖啡豆，那就絲毫感受不到美味何在。總而言之，就是要不斷烘焙自己最喜歡的生豆，並徹底記錄烘焙出美味咖

啡時的烘焙資料。

此外，烘焙初學者都懷有想要大顆生豆的傾向，但這和追求美味可不能一概而論。像是咖啡原種的波旁（Bourbon）與阿拉比卡（Arabica）等咖啡豆，其顆粒大小雖然不怎麼大，但卻是帶有強勁甘度與風味，是十分推薦初學者烘焙的咖啡豆。而高地採收的咖啡豆，儘管也都是小顆粒的豆子，但大都會帶有濃厚的口感。還有咖啡圓豆（Peaberry）也是儘管小顆，卻帶有強勁酸味與確實的咖啡風味，只要一經深焙，酸味就會轉化成甘甜了。

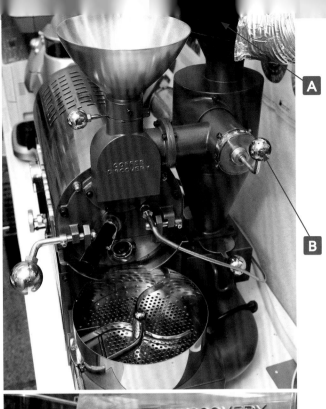

將一般的半熱風式烘焙機構造直接小型化的精簡設計,自發售以來,就有許多咖啡店家將它做為樣品烘焙機使用。此外,也很適合做為咖啡店提供部分原創商品時的自家烘焙機,以及將來預定獨立開家自家烘焙咖啡店的人的練習機。含稅價為39萬9000日圓。

使用Discovery烘焙機提高味道重現性的重點

讓回溫點保持一致

要讓回溫點始終保持一致,最重要的,就是每次都採用相同的烘焙量與預熱方式。但Discovery是種小型烘焙機,比起一般的業務用烘焙機還要容易受到季節的溫度變化與天氣的影響,就算這麼做,有時也會無法維持相同的回溫點。在豆質堅硬或水分含量過多的情況下,也是如此。

每當這種時候,就要留意投入生豆後的降溫速度。當溫度下降到接近目標回溫點,但降溫速度卻依舊沒有減緩時,只要稍微增加瓦斯壓力,就能夠讓回溫點保持一致了。

用升溫率控制味道

在投入生豆後,讓約從3分鐘過後到第一爆來臨為止的升溫率保持一致。只要升溫率保持在每分鐘9~11℃之內,就能夠烘焙出美味的咖啡。Discovery烘焙機相對於滾桶容量的火力高達1900千卡,比較適合烘焙時間在15分鐘以內的短時間烘焙。

透過排氣閥調整濃韻感

在抵達第一爆的巔峰期後,咖啡豆就會排放出大量的煙氣與蒸氣,所以要開啟排氣閥,透過適當的排氣,讓烘焙咖啡帶有濃郁口感。排氣閥要是開太大,咖啡就會出現嗆喉感,但要是關得太緊,咖啡就會形成濃稠卻毫無濃郁感的味道。要找出適當的開放點。

Discovery烘焙機的特色

高發熱量

雖然是小型機器,卻具備最大熱量達1900kcal的傑出性能。

獨立排氣風扇

排氣風扇與冷卻風扇個別獨立,因此能進行連續烘焙。高排氣性能讓它能進行與業務用機毫無差別的烘焙作業(照片A)。

排氣閥

考慮到操作性而設立在正面。共分為1~5的階段(照片B)。

溫度計

溫度計會顯示到小數點。這除了方便了解溫度的進展速度外,還能詳細地留下烘焙資料(照片C)。

瓦斯壓力表、閥門

瓦斯壓力表的顯示刻度與業務用的相同。瓦斯的調整閥門也採用轉盤式,方便進行細微操作(照片D)。

集塵器下方的銀皮容器的容量較小,所以每烘焙2次就要清理1次(右側照片)。排氣風扇到排氣閥之間的部分也很容易囤積沾黏物,因此要拆開部件用水清洗。一旦怠慢清掃,就會導致排氣效能低下,無法穩定地重現味道。而且還會無法取得正確的資料,所以最好能夠勤於清掃。

取樣時的烘焙作業，是使用帶有特色性甘甜的瓜地馬拉咖啡豆。在12分鐘內，用短時間烘焙豆質稍硬的新收成水嫩生豆，讓人明確地感受到咖啡的純淨酸味與香氣。

此乃ワイルド珈琲的原創咖啡，能確實感受到瓜地馬拉豆特有的甘甜滋味。那純淨酸味與花朵般的芬芳也獨具魅力。使用進港後沒多久的新收成生豆。

瓜地馬拉 SHB Hector Real

收成／2010-2011年
地區／瓜地馬拉　安地瓜地區
莊園／聖拉斐爾莊園（San Rafael Urias）
產地標高／1500m
品種／波旁（Bourbon）
精製法／水洗
規格／SHB

時間（分）	豆溫度（℃）	瓦斯壓力（kPa）	排氣閥（1～5）	現象
0:00	180	0.8	2.5	
1:00	83			回溫點（81.9℃／1:19）
2:00	89			
3:00	103			
4:00	117			
5:00	129		3（133℃／5:20）	
6:00	140	0.9（148℃／6:50）		
7:00	151	1.1（157℃／7:40）	3.5（157℃／7:40）	
8:00	160			
9:00	171		4（179℃／9:40）	第一爆（179℃／9:40）
10:00	183	0.9（10:46）		
11:00	191	0.8（197℃／11:40）		
12:00	200			第二爆（207℃／12:25）
12:40	208	0（207℃／12:30）		停止烘焙

※排氣閥1是關，5是全開

ROAST DATA

烘焙日期：2011年6月29日
生豆：瓜地馬拉 SHB Hector Real
烘焙深度：中深度烘焙
烘焙機：Discovery
生豆投入量：230g
第一批次
晴天

取樣時的烘焙時間為12分鐘半。在短時間內加熱至208℃，烘焙出瓜地馬拉咖啡豆特有的甘甜與爽口感。溫度進展、火力與排氣閥的操作，皆與業務用烘焙機相同。

記錄每分鐘的升溫率，讓變化一目瞭然

ワイルド珈琲的烘焙資料表

投入溫度	時間（分）	0	1	2	3	4	5	6	7	8	9	10	11
180℃	豆溫度（℃）	84	98	113	126	137	148	157	168	179	188	197	206
暖機8分鐘	每分鐘升溫率（℃）		14	15	13	11	11	9	11	11	9	9	9
	排氣閥	2.5			3		3.5		4				
	瓦斯壓力	0.8				0.9	1.1			0.9	0.8		

	回溫點	第一爆	第一爆結束	第二爆	第二爆結束	烘焙結束
時間	1分19秒	9分40秒	10分50秒	12分25秒		12分30秒
豆溫度	81.9	179	188	207		208
排氣閥	3	4				

在ワイルド珈琲的烘焙資料表中，會讓回溫點保持一致，並從之後的升溫率開始記錄資料。會一邊注意定時一分鐘的馬錶與溫度計，一邊填入每分鐘的升溫率。然後根據這些變化，操作火力與排氣閥。

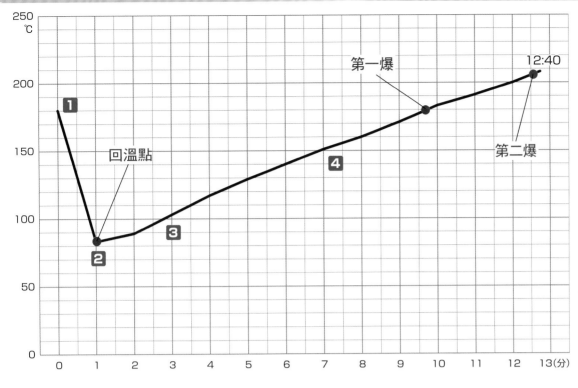

從130℃到第一爆
（179℃）為止的每分
鐘升溫率為11℃，之
後約會降到每分鐘9℃
的升溫率。

1 預熱、投入生豆

用瓦斯壓力0.8kPa、排氣閥2.5的設定暖機8
分鐘。待升溫到180℃後投入生豆。生豆投入
量為230g。以最大投入量的80%～90%左右
為宜。Discovery烘焙機屬於高火力機種，投
入量太少會導致烘焙溫度難以穩定。最小烘焙
量好說也要有150g的程度。

2 回溫點

目標回溫點要落在80～85℃的範圍內。取樣
時的回溫點為81.9℃，觀察投入後的降溫速
度，假如溫度在降到90～85℃左右時，降溫
速度依舊沒有減緩，那就稍微提高瓦斯壓力，
讓溫度停留在目標回溫點的範圍內。

3 每分鐘11℃的升溫率

在從回溫點升到130℃左右的這段過程內，由
於咖啡豆的吸熱效率良好，讓烘焙溫度也因此
快速上升。之後，在抵達第一爆為止的這段期
間內，要調整火力，讓每分鐘的升溫率保持一
致。這次烘焙的瓜地馬拉咖啡豆是新收成的硬
質豆，所以烘焙時，要避免讓每分鐘的升溫率
降到10℃以下，好讓新收成咖啡豆的酸味與
芬芳能夠確實形成。

4 提高火力

待經過6分鐘後，要在升溫率開始稍微減緩的
階段，將火力提高到0.9kPa。然而儘管如
此，溫度也依舊沒有回升，讓第7～第8分鐘
的升溫率降到了每分鐘9℃，故將火力再次提
升到1.1kPa。為避免增加的熱能積蓄在滾筒
內部，將排氣閥開到3.5的位置。

5 第一爆

在第一爆開始後，就將排氣閥開到4的位置，
排放第一爆產生的蒸汽與煙霧。

6 停止烘焙

從第一爆結束後開始漸漸調降瓦斯壓力，減緩
升溫率。經由烘焙手法取得酸味與苦味的均衡
點，完成帶有甘甜滋味的咖啡豆。在第二爆開
始的208℃時立刻停止烘焙。

在進入第二爆後的中深度烘焙階段完
成的烘焙豆。儘管是烘焙後立刻萃取
的咖啡，也能感受到優質的甘味與爽
口感。

排氣閥的「有效位置」

排氣閥雖然設有刻度，但嚴格來講，並不
會依照刻度階段性的排放空氣。舉例來
說，當我們稍微關緊排氣閥時，只要在烘
焙中打開生豆給料斗，滾筒內部就會竄升
熱氣。這種時候，要是我們依照刻度逐漸
打開排氣閥，就會感覺空氣開始慢慢流
通，最後來到空氣順暢排出、熱氣不再竄
升的位置。這個位置，就是排氣閥的有效
位置。只要了解這點，就能夠適當排氣。

咖啡店可用較高的價格
給予2杯分量的服務

在這5～6年間，開設了不少自家烘焙咖啡店（兼咖啡店的咖啡豆專賣店）。這甚至可說是一股「自家烘焙咖啡」的熱潮。就連報名該店烘焙教室的民眾也大都是希望自行開業的人，但要是開了這麼多間咖啡豆專賣店，今後意圖自行創業的人，說不定將會陷入相當嚴峻的局面。

畢竟喝咖啡的人口不變，但提供咖啡的業者卻是與日俱增，這勢必會面臨互相爭奪顧客的情況。咖啡店提供顧客美味的咖啡是天經地義，但今後也絕對需要令顧客感到歡喜的服務、以及開發全新的咖啡相關產品等。就算能烘焙出美味的咖啡，但光只等待顯性的顧客上門，長久經營下來將會十分艱辛。

既然要開一家專賣咖啡豆的咖啡店，那就去積極地推銷自家的美味咖啡吧！舉例來說，你可以用廣告信的方式，將店家介紹與咖啡樣品寄給當地的餐廳或企業相關部門。當中絕對會有幾家前來詢問，接著只要你再去拜訪詢問對象，通常都不會白跑一趟。

而就咖啡店的情況來講，關鍵就在於如何提高客單價。在現今的經濟情況下，我覺得很難把一杯咖啡的價格設定得太高。但只要多花點工夫，附贈顧客能夠接受的服務，我們就能採取高單價的設定了。

比方說，假如每杯咖啡的行情是400日圓的話，價格就要特意設為500日圓，然後實際上提供顧客2杯分量咖啡。

把咖啡放在茶壺保溫架等器皿上，讓第2杯也能暖呼呼地喝下肚，並再加上1～2塊市售的餅乾的話，就算是賣500日圓，顧客也不會覺得貴。雖然原價會提高35日圓～40日圓左右，但依舊有著相當不錯的利潤，而且也是項會深受咖啡迷喜愛的服務。

生豆在購買與販售時
的注意事項

購買生豆時要注意以下幾點，咖啡豆的瑕疵要少、外表要水嫩、帶有深灰色、豆色均一並帶有某種程度的銀皮，以及烘焙後會變成死豆等瑕疵豆的數量要少。至於所販售的咖啡，則是要帶有甘味、具備咖啡豆的風味特性，並設定適當的價格。

在處理生豆時，關於保管方面，特別是在梅雨期間要特別費神。因為處於高濕、高熱的環境下，因此要避免讓生豆接觸到空氣。只要存放在溫差低的陰暗處，並在紙袋上包覆一層塑膠布，接著再包上一層報紙就沒問題了。這種保存方式還能在寒冬的乾燥空氣下，防止生豆因乾燥而導致劣化的情形。

還必須注意烘焙豆的保存方式。有些人會把平時經常使用的烘焙豆，一直保存在冷藏庫或冷凍庫中。但這樣會無法在正確的溫度下萃取咖啡，所以建議還是將每天要喝的咖啡保存在常溫下。

過於低溫的咖啡，會讓熱水的溫度降得太低，進而削減咖啡的風味。因此要將咖啡保存在常溫下的密封瓶中，並再用保鮮膜細分成小袋包裝放進瓶子裡。接著，只要再用揉成圓球的塑膠袋塞滿瓶內的隙縫，擠出內部空氣，咖啡的保存期限就將會截然不同。因此沒有使用的咖啡要保存在冷凍庫，而平常就會用到的咖啡豆，則是最好保存在常溫之下。

ワイルド珈琲
東京都台東区浅草橋4-20-6
電話／03-3865-8313
營業時間／9：00～18：00 週六、日、國定假日休假
http://www.wild-coffee.com/

「優質烘焙」的常識

在進行烘焙作業時，並沒有什麼非做不可的例行公事，但想要沖泡出美味的咖啡，也確實是存在著記下來會比較好的要素與手法。就讓我們向以聚集全國咖啡愛好者的自家烘焙名店「Bach Kaffee」為母公司，經手技術指導與開業指導的Bach Kaffee訓練中心，詢問能在我們建立獨自的烘焙技術時，提供協助的「烘焙常識」吧！

（株）バッハコーヒー
（Bach Kaffee）
東京都台東区日本堤1-6-2
電話／03-3872-0387
http://www.bach-kaffee-planandconsul.jp

自家烘焙店所該追求的烘焙

長久以來，咖啡的生產作業依循著經濟要素，進行了提升收穫量、改善栽培難度等眾多改良。但隨著精緻咖啡的概念登場，咖啡的性質也有了180度的改變。從經濟優先的潮流，轉變成要讓廣大消費者享用更加優質的咖啡。

咖啡消費國用高價購買優質的咖啡豆，親赴產地，提升從栽培到流通為止的咖啡等級的動作頻頻，生產者也持續致力於咖啡味道的提升。藉此，有關精品咖啡的知識與情報，在與過去相較之下，如今也變得更廣為人知。

日本的消費者也不再毫無保留地接受他人給予的事物，而是轉變為積極選擇自己偏好的咖啡的時代。而他們對於美味咖啡的知識與味覺，相較過去，也有了長足的成長。在這種情況下，今後的自家烘焙店，要光靠販賣已經烘焙好的咖啡豆來維持經營，可說是會非常地艱辛。

另外，如今的咖啡價格也正在逐漸高漲，一旦陷入削價競爭，中小型的自家烘焙店肯定會陷入越來越為嚴峻的狀況。

只不過，儘管同屬於嗜好品，但與直接購入成品販售的葡萄酒不同，咖啡還具有烘焙這一道程序存在。這道烘焙程序，正是中小型自家烘焙店一決勝負的關鍵之一。市面上包含優質的咖啡在內，充斥著五花八門的咖啡種類，我們必須要具備自己挑選咖啡豆的獨到目光與舌感，在價格以外的部分建立起差異化。

製作所有咖啡豆的「烘焙地圖」

在進行烘焙之際，看著最近的咖啡店家，有一點令我相當在意，那就是他們一種咖啡豆只會用一種方式烘焙這點。可以認為，他們是在嘗試過某種烘焙手法後，偶然烘焙出「不錯的味道」。緊接著，就光顧著追求「該如何重現那種味道」而忽略了其他選項。

只是，一種咖啡豆只用一種烘焙手法、並只能烘焙出一種味道的話，可以預見，這樣總有一天會走到窮途末路。當兼具豐富的知識與味覺體驗的顧客上門消費，追求店內所沒有的味道之際，要是沒辦法提供符合其要求的咖啡，該位客人會再次光顧的可能性也會大幅降低。倘若無法對應顧客多樣化的喜好，自家烘焙店的生存也將會變得難上加難。

說到這，為提升烘焙技術以達到永續經營的目標，我希望各位務必要採用的方法，就是去製作「烘焙地圖」（表一）。

製作方式如下。首先針對一種咖啡豆，將比這淺焙就會淡然無味的深度設為下限、比這深焙就會碳化的深度設為上限，並把這之間的烘焙度，舉例分成8個階段來進行烘焙。接著，再品嚐各烘焙深度的味道並記錄評價，製作詳細的方格地圖。其他生豆也用同樣的方式逐一製作。

在Bach Kaffee訓練中心，這就叫做「基本烘焙」，打從開始自家烘焙時就已徹底執行。單一種類的咖啡豆只要經過數種方式烘焙，就能掌握該種咖啡豆在味道與特色上的變化。只要藉由基本烘焙得知各種咖啡豆的特色，了解它們在何種烘焙度下會產生何種味道的話，即可在決定咖啡豆的最佳烘焙度下，進行烘焙、販售，並強調出自家店鋪的特色。

另一方面，在製作好全部咖啡豆的烘焙地圖後，接著就是要在平時的烘焙作業中追求味道的重現。但在聽到這項要求後，光顧著追求烘焙過程的嚴謹度與細膩度，結果迷失方向而煩惱不已的人也

<表1>

生豆種類＼烘焙度	淺焙		中焙						深焙
生豆 A		○	◎	○					
生豆 B		△	△	○	◎	△			
生豆 C				△	○	○	○	◎	○
生豆 D					○	◎	○		

烘焙度至少要分成 4 ～ 8 個階段，並盡可能細分成 16 或 32 個階段烘焙，藉此也能夠提升味道評價的精密度。

逐一填寫各烘焙度的味道特色。填入○、△等確認符號，把握對於該種咖啡豆來說的最佳烘焙度與次佳烘焙度。

用更多種類的咖啡豆製作烘焙地圖。這樣一來，即可得知哪些生豆會具有類似傾向，也能夠彙整生豆因產地與特性所導致的味道差異性。

不在少數。

只不過，不論採用何種烘焙手法，到頭來最重要的依舊是味道。而能夠確認烘焙過程是否有被重現的，也唯有自己的味覺。對於現今的自家烘焙店來說，努力理解各式各樣的咖啡味道，並運用味覺、視覺、聽覺等五感判斷咖啡味道的重要性是與日俱增。

所謂的「優質」烘焙，
就是不含「劣質」要素

在以優質烘焙、提供顧客美味咖啡為目標時，還有一點希望各位能夠事先理解。那就是，與其追求「這樣做就能變得美味」，還不如徹底排除「這樣下去就絕對會很難喝」的要素。

比方說瑕疵豆。儘管之後還會敘述到，但混入瑕疵豆會對咖啡的味道帶來不良影響。而明明混有大量瑕疵豆，但你卻視若無睹的話，那不論烘焙過程再怎麼講究，味道都絕對不可能會好。Bach Kaffee格外重視並每天執行的手選作業，就是為了

要徹底排除這項會導致咖啡味道變差的要素。所謂的優質烘焙，就是要徹底了解這些咖啡的劣質要素、理解它們是何種程度的劣質要素，並藉由優先排除這些劣質要素而產生的行為。

生豆與烘焙的關係

雖然常有人說：「硬豆很難烘焙」、「這種咖啡豆很好烘焙」等諸
如此類的言論，但在決定烘焙的研究途徑時，最重要的，還是理解
生豆在狀態與特色上的差異性。無庸置疑，每種咖啡豆都有它最適
當的烘焙方式，但在生豆的特色與烘焙之間，也存在著某種程度的
規律性，接著就來介紹可供做為判斷基準的項目吧！

生豆的大小、厚度

在用相同的火力與排氣量進行相同的烘焙作業
時，與小顆豆相比，大顆豆當然不容易受熱。而既
然不容易受熱，那要是火力不足，咖啡豆就容易半
生不熟，最後也很有可能淪為一杯難喝的咖啡。基
於這點，一般都會說大顆咖啡豆難以烘焙。同樣
地，相較於果肉薄的生豆，果肉厚的生豆也會顯得
難以受熱、容易半生不熟。此外，就算是大顆咖啡
豆，果肉薄的也會比較容易受熱；就算是小顆咖啡
豆，果肉厚的也會顯得難以烘焙。

因此，一旦在烘焙時讓大小各異的生豆同時下
鍋，受熱情況就會隨著該豆的大小出現差異。所以
為了防止花豆產生，會讓生豆的顆粒大小保持一
致，以降低烘焙失敗的機率。

產地標高

產地位在高標高、低氣溫的高地上，花費時間
緩慢成長的咖啡豆，一般都會有豆質堅硬、顆粒較
小的傾向。這種在嚴厲環境下栽培結果的咖啡豆，
大都會帶有豐富的味道與香氣。儘管也有例外，但
高產地咖啡豆比低產地的咖啡豆珍貴、用高價販售
的案例也占了絕大多數。而在烘焙方面，由於硬豆
比軟豆難受熱、水分蒸發的情況也欠佳，烘焙時一
旦熱量不足，就很容易半生不熟。此外，咖啡豆在
第一爆過後的表面皺褶，硬豆也比軟豆難以伸展。

水分含量

一般來說，水分含量越多的生豆，越會呈現濃
密的綠色系色澤；水分含量較少的生豆，則是會呈
現褐色系或白色系的色澤（根據產地也會出現例
外）。水分含量的多寡，除了會因為產地的栽培與
精製方式、運送方式等情況出現差異外，還會受到
保存狀態的影響，但一般都會隨著時間經過而逐漸
減少。只不過，每種咖啡豆蒸散水分的方式大相逕
庭，無法單純靠收穫後的經過天數來計算。

而在烘焙方面，水分含量較多的咖啡豆會難以
受熱，並容易出現花豆與半生不熟的情況，導致烘
焙難度加深。因此，必須要在烘焙時，讓咖啡豆含
有的水分順利蒸散。

新收成咖啡豆與經時變化

該年度收成的咖啡豆就叫做新收成咖啡豆
（New Crop）。購入的新收成豆，基本上都是外觀
水嫩、具有高水分含量，咖啡豆的風味與酸味也十
分明確。但伴隨著時間經過，水分含量就會逐漸減
少、色澤也會逐漸泛白。而隨著水分含量降低，咖
啡豆也會逐漸喪失香氣與酸味，所以必須要根據咖
啡豆的經時變化，調整烘焙的手法。

銀皮附著的情況

生豆表層所覆蓋的薄皮就叫做銀皮。一般都會
把銀皮呈現銀色的生豆視為優質，把變成褐色的生

豆視為劣質（經由巴西式半洗處理或拋光等方式處理的生豆除外）。

在進行烘焙作業時，銀皮會優先受熱，從生豆上剝離開來。而剝離掉的銀皮，會隨著烘焙進行，導致火災之類的危害發生，所以大都會操控排氣閥排放掉。銀皮的數量，會受到精製法相當大的影響。在採用水洗式的情況下，銀皮大都會被除去，而在採用自然乾燥式的情況下，銀皮則大都會殘留到脫殼之後。此外，水洗式的咖啡在淺焙下，會在中央線的部分殘留白色銀皮；而採用乾燥式的咖啡，中央線部分的銀皮則傾向於變得焦黑。烘焙後假如殘留太多銀皮，將會導致咖啡的味道苦澀，所以會盡可能地清除乾淨。

精製法

咖啡豆的精製法大致上分為3種，分別是自然乾燥式、水洗式、半水洗式（表2）。不同的精製方式，香氣與酸味的呈現方法也有所差異，會對咖啡味道造成極大的影響。

<表2>

自然乾燥（Nature Dry）

這種被稱為自然乾燥式（Nature Dry）或非水洗式（Un-washed）的精製法，是將採收的咖啡豆果實，經由日曬乾燥後，再將果肉等部分去除。這本是巴西等地的主流精製法。易散發出獨特的香氣與溫和的酸味，因此也具有不少愛好者。會大幅受到精製廠的品質影響，但與其他精製法相比，卻也容易混入大量的瑕疵豆，生豆大小也不太能夠保持一致。

水洗式（Washed）

水洗式（Washed）是先去除果肉，然後在發酵槽內清除內果皮上殘留的黏液（果膠），待經由水洗之後，再行乾燥作業的方式。由於精製的程度高，生豆的賣相也能保持一致，所以通常被視為一種高品質的精製法。只不過，管理不良的精製廠，有時會在發酵的過程中讓咖啡豆沾染到發酵味。一旦烘焙時含有這種發酵豆在，那就連其他的咖啡豆也都會因此糟蹋掉。而在口感方面，具有在飲用時讓舌頭感受到強烈酸味的傾向。

半水洗式

這種被稱為半水洗式（semi-washed）或是巴西式半洗處理式（Pulped Natural）的精製法，屬於自然乾燥式與水洗式的折衷方式。是種在去除果肉之後，直接進行乾燥作業的方法，能藉由殘留的黏液（果膠），替咖啡添加些許甘甜與蜂蜜般的風味。具備水洗式的優點，同時也能調整咖啡的酸度。目前為一種嶄新而備受注目的手法，引進使用的國家也是與日俱增。另外，在印尼的蘇門答臘島上，還會進行一種名為蘇門答臘式的獨特精製法。這是在去除果肉之後，讓咖啡豆保持半乾的狀態進行脫殼，等到日曬乾燥完畢，再把內果皮剝除。精製完成的生豆會呈現漂亮的深綠色，讓人一眼就能分辨出它與其他手法之間的差別。

瑕疵豆

　　在精緻咖啡的意識抬頭之下，咖啡豆的整體品質也較過往提升，更是減少了精緻咖啡的瑕疵豆混入量。但就算只混入一些，也依舊會大幅損傷咖啡的口感與顧客的信任感，因此為了能提供更高品質的咖啡，手選作業可說是勢在必行。

　　去除瑕疵豆與異物是手選作業的目的，不過瑕疵豆也有分為在烘焙後難以發現的類型，以及在烘焙後較易發現的類型。因此，手選作業最好能在確認生豆狀態和烘焙完畢後各進行一次。未熟豆與發酵豆在烘焙後會顯得難以辨別，所以一定要在烘焙前確認狀態，除掉任何有異狀的咖啡豆方為上策。瑕疵豆的主要類型如右表所述。

<表3>

未熟豆

在成熟前採收的未成熟咖啡豆，會成為導致異味、刺舌味這種不良口感的原因。因為難以靠機械挑選除盡，所以必須靠手選作業挑選。生豆狀態會呈現獨特的綠色色澤，而且顆粒較小，因此會難以辨別。

發酵豆

分為長期浸泡在水洗式的發酵槽中，或水洗用的水質遭到污染所形成的，以及在倉庫存放時遭到細菌感染所形成的。從口感過甜的情況，乃至於近似廚餘的情況，是導致咖啡出現藥味的原因。所造成的影響甚大，甚至只要存有一顆發酵豆，就會平白糟蹋掉 50g 的咖啡豆。

黑豆

這是成熟後掉落地面的咖啡豆，因長期接觸土壤所發酵成的產物。外觀會變成黑色，因此很容易辨識。會成為腐臭與咖啡混濁的原因。所造成的影響非常強烈，甚至可說，只要混入一顆黑豆，就會壞了一杯咖啡的風味。

發霉豆

因為乾燥不良，或是運送與保存不夠完善，導致生豆發霉所形成的產物。會成為霉臭味的原因。

貝殼豆

因為乾燥不良、異常交配或生長不良等原因造成的產物。會從中央線處裂開，並翻出咖啡豆的內部，由於外觀看起來像個貝殼，所以就被稱為貝殼豆了。會成為出現花豆的原因。

MEMO

運送與包裝的進化

　　從產地運送與包裝生豆的方法，也隨著精緻咖啡的登場而產生變化。比方說在運送生豆時，高溫與劇烈的溫度變化都會對生豆造成傷害。因此，在運送精緻咖啡時，有越來越多的案例是採用能夠恆溫保存的冷凍貨櫃。

　　此外，長年以來，用麻袋包裝生豆曾經是個常識，但隨著小包裝的真空包裝袋，以及耐熱、耐潮濕，能夠隔絕空氣與水分的穀物用塑膠袋（通稱「穀袋」）的登場，將可望提高生豆鮮度的確保效果。

如何把握生豆的狀態？

　　有不少咖啡豆的專家，只需要用手觸摸，就能得知該生豆的狀態與其特色。畢竟他們每天都會用手掬取或抓取咖啡豆，因此能靠感覺辨出咖啡豆的差異。舉例來講，假如在抓了一把與往常相同數量的咖啡豆後，會覺得重量比較輕，即可判斷這種咖啡豆相對於體積的比重較小。另外，在輕握時會感覺冰冰涼涼的生豆，就表示其水分含量高，專家甚至能藉此做出，該生豆很有可能是新收成咖啡豆的判斷。

烘焙程序與烘焙中的咖啡豆變化

烘焙會根據烘焙機的款式與容量，以及店家對烘焙的想法改變操作方式，但只要施行恰當，烘焙的概略程序與咖啡豆在烘焙時的狀態變化，就幾乎是大同小異。以下將介紹烘焙作業的基本程序與咖啡豆的狀態變化。

預熱

烘焙會設定為在一天的作業量中進行連續烘焙，並會在開始烘焙前預先暖機運轉，溫熱烘焙鍋。這是要讓烘焙鍋積蓄熱量，好在投入生豆後，促使溫度穩定上升的必要作業。而維持一定的預熱方式，即可隨時進行相同的烘焙作業。

儘管也事關烘焙機的結構與火力，但在預熱時劇烈升溫，會導致烘焙鍋受熱不均，有時還會讓之後烘焙的溫度進展無法穩定。此外在劇烈加熱下，金屬材質的烘焙鍋將會膨脹，造成烘焙鍋本體的損傷與疲乏。因此，預熱需要施行一定以上的時間，讓烘焙鍋能夠確實地均勻受熱。

生豆的投入溫度

生豆投入烘焙機時的鍋內溫度，也會影響到之後烘焙所需要的時間長度。也就是說，在其他條件相同之下，投入溫度越高，烘焙進行的速度也就越快。有些地方會根據生豆投入量與烘焙時的氣溫改變投入溫度。但在Bach Kaffee則是盡可能地不去更動投入溫度。

生豆的投入量

當使用相同烘焙機在相同條件下烘焙時，生豆的投入量將會影響到之後的溫度進展。一旦投入量改變，溫度上升的方式也會變化，所完成的味道也會因此出現差異。一般來說，生豆的投入量是以烘焙鍋的容量為基準。5kg用鍋的基準就是5kg。而當投入量遠低於烘焙鍋容量時，味道的浮動範圍就會增大，進而加深控制的困難性。

回溫點

將常溫的生豆投入烘焙鍋中，會使鍋內的溫度下降。而此時降到谷底的溫度就叫做回溫點，是我們在重現咖啡味道時的基準。我們可藉由回溫點，確認目前與過去在烘焙資料上的差異，進而推測味道偏離的要因，透過調整火力與烘焙時間來處理味道偏離的情況。

蒸發水分的階段

在投入生豆後，一旦溫度抵達回溫點，隨後烘焙機的豆溫度計就會開始上升，並漸漸地蒸發咖啡豆所含有的水分。咖啡豆的纖維組織也會開始鬆弛。在此過程當中，要是水分蒸發的方式不均，就會成為花豆產生的原因。此外，咖啡豆的硬度與水分含量，也會影響到水分蒸發的方式。因此必須要不斷烘焙，以確實找出能夠適當蒸發水分的火力與排氣的操控設定。

第一爆前

一旦水分蒸發，咖啡豆的體積就會在外觀變黃後慢慢縮減，並在第一爆前縮到最小的狀態。中央線的白色部分也會變得醒目。

第一爆

藉由水分蒸發的過程令咖啡豆受熱，使咖啡豆內部產生化學變化。在此化學變化下，將會形成咖

啡特有的酸味與香氣。同時還會產生水蒸氣與二氧化碳，令咖啡豆逐漸膨脹。而當咖啡豆承受不住內壓，導致咖啡豆細胞崩壞炸開的過程，就叫做第一爆。此時會發出劈哩啪啦的聲響，並開始散發咖啡特有的香氣。而色澤也會漸漸地增添褐色。第一爆完全結束的階段，也就是所謂的中度烘焙（Medium Roast）。

第一爆→第二爆

一旦在第一爆過後繼續加熱，內部就會在化學變化的進展下繼續產生氣體，並再次炸開。這就是第二爆。第二爆會稍微比第一爆弱，並發出劈哩劈哩的聲響。而咖啡豆表面的皺褶也會開始伸展。在第一爆過後，構成咖啡味道的成分會接連產生，同時還會形成烘焙所導致的苦味與濃韻感。

第二爆過後

一旦在進入第二爆後繼續烘焙，就會抵達法式烘焙（French Roast）與義式烘焙（Italian Roast）的烘焙深度。此時煙霧也會接連產生，必須要操作排氣閥排除這些煙霧。而咖啡豆本身會帶有高溫，因此烘焙溫度也會快速上升。

停止烘焙

這是在提高咖啡味道的重現性時最為重要的一環。當來到預定的烘焙深度後，就將咖啡豆排出烘焙鍋。第二爆前後的進行速度非常地快，味道與香氣會在轉眼間就產生變化。而且咖啡豆與烘焙鍋的餘溫也會促使烘焙進行，所以操作時，必須要隨時考慮到接下來的情況。停止烘焙的基準不勝枚舉，但當中容易理解也易於判斷的就是咖啡豆的顏色了。除此之外，咖啡豆的形狀、表面的皺褶與光澤等，也是方便做為參考的指標。

冷卻

排出的咖啡豆會在冷卻槽中一邊攪拌、一邊用風扇強制冷卻。一旦冷卻得不夠徹底，咖啡豆本身的熱量就會促使烘焙進行，就算在適當的時機點停止烘焙，味道也一樣會產生偏差，所以最好能盡可能地快速冷卻。

「升溫率、排氣」與味道的關係

就如同前項所述,烘焙會依照一定的程序進行,假如將此時的溫度進展製成圖表,就會畫出下圖這所謂的烘焙曲線。只不過,根據曲線的彎曲程度,也就是烘焙時間與升溫率的差異,所完成的味道狀態也會產生變化。瞭解這個差異性,在經由烘焙製作咖啡味道時將會很重要。

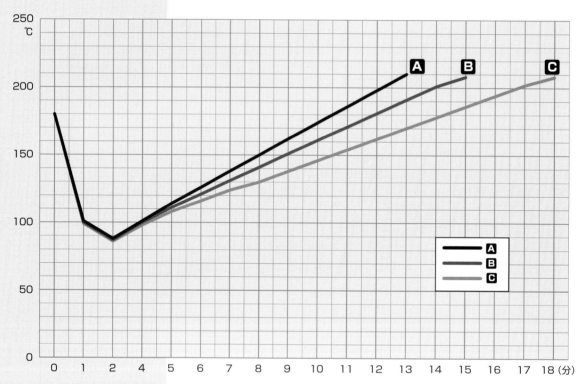

上圖是包含生豆的投入溫度、投入量與停止烘焙的溫度在內,在各方條件相同的情況下進行的烘焙,只更動ABC的烘焙時間。A是短時間烘焙,給予強大火力加快升溫速度,C則是控制火力的長時間烘焙。

A 的口感

在短時間內加熱咖啡豆,會讓咖啡豆形成強烈酸味,形成印象明確的強烈口感。不但爆的方式大,咖啡豆的纖維組織也會炸得很開。這樣一來,咖啡豆帶有的香氣與味道的成分就會迅速釋放,在烘焙完後散發明確的香氣與味道。但由於成分揮發快速,在烘焙後,沒過幾天香氣與味道就會急速消失,讓咖啡淡然無味。此外,要是溫度劇烈上升到超出適當火力的容許範圍,用更短的時間進行烘焙的話,就會讓咖啡豆的表面燒焦,形成花豆,成為僅帶有苦澀味的咖啡。

C 的口感

一旦控制火力,耗費長時間進行烘焙,不但酸味的形成會變得比較溫和,在相同的烘焙深度下,苦味也會比AB 來得明顯。整體傾向於溫和的口感。烘焙後也會因為香氣與味道的成分是緩慢釋放,所以能用較長的時間維持相同的風味。但要是烘焙耗費的時間太久,也就是讓咖啡豆無法獲取最基本的熱量的話,就僅會讓咖啡豆變色,淪為毫無香氣與味道的咖啡。

在水分蒸發的階段
減緩升溫速度的情況

當碰到生豆的水分含量過多或是不均的情況時，只要稍微延長水分蒸發的時間，即可讓咖啡豆均勻地蒸發水分，還能有效防止花豆產生。此外，這在想緩和酸味時也十分有效。只不過，味道可能會變得有點單調。

在第一爆→第二爆時
減緩升溫速度的情況

當想經由調整引出該咖啡豆的獨特香氣與味道時，減緩升溫速度的方法十分有效。只不過，一旦火力調整失敗導致溫度下降，就會使色澤與香氣變差，味道也會變得沉重。

排氣閥的功用

排氣閥的操作，與排放滾筒內的煙氣與銀皮、調整滾筒內的風量與熱量、從外部引入空氣的動作有關。當想排放銀皮與煙氣時，就會開啟排氣閥。

此外，排氣閥的開關也與咖啡豆的受熱方式有關，具有在經由烘焙製作咖啡味道時進行調整的功用。比方說，在排氣閥關閉的狀態下，受熱膨脹的空氣就會積蓄在烘焙鍋內部。是藉由提高烘焙鍋的內壓來加熱咖啡豆。

另一方面，一旦開啟排氣閥，就會排放烘焙鍋內部的空氣與蒸汽，讓烘焙鍋內部常保空氣流通的狀態。是以讓帶有熱量的空氣接觸咖啡豆的形式來加熱。

而當排氣閥調整到中間位置時，也就是所謂的適當狀態，是讓烘焙鍋內部的膨脹空氣自然排放的狀態。

第一爆與第二爆時的排氣控制

在第一爆過後，咖啡豆會冒出大量水蒸汽與煙氣的成分，所以通常都會開啟排氣閥加以排放。此時的排氣程度，將會影響到所完成的咖啡味道。

假如開放得不夠，咖啡豆就會附著煙味，有時還會抵消掉咖啡的其他香味。整體來講，可能會形成厚重的口感。

另一方面，一旦排氣閥開放得太多，就會流失掉香氣與味道的成分中揮發性較高的要素，形成口感不足的咖啡。

而在第二爆過後，咖啡豆會冒出更多的煙氣，升溫速度也會加快，因此必須要再次增加排氣量。一旦排氣不足，就會形成充滿煙味的咖啡。

烘焙機款式的差別

烘焙機可大致分為3種類型，分別是直火式、半熱風式以及熱風式。

直火式

滾筒上開有無數的孔洞，讓咖啡豆直接接觸到熱源的就是直火式。在味道方面，容易引出咖啡豆的原始風味與香氣，製作出明確且強烈的咖啡口感。而在缺點上，則由於咖啡豆會直接接觸到火勢，所以容易燒焦，咖啡豆有時也不太會膨脹。

半熱風式

熱風式的一種，熱源會直接溫熱滾筒，並藉由排氣風扇吸引的熱風，加熱滾筒內部的咖啡豆。滾筒上沒有孔洞，因此熱源不會直接接觸到咖啡豆。難以像直火式那樣引出咖啡的芬芳與強烈口感，但卻容易製作溫和且均勻的咖啡口感。咖啡豆也會膨脹得很好。

熱風式

不會直接對滾筒加熱，而是藉由其他組件的槍式噴燃器，將熱風送進滾筒內部進行烘焙。就算高溫烘焙也難以燒焦，溫度的控制也非常簡單。能夠製作出更加清淡溫和的咖啡口感。熱風機是以具備工廠的大規模烘焙商所使用的大型機為主流，但最近也有出現小型的熱風機。

烘焙機廠商的差別

國內外製作烘焙機的廠商十分有限，但根據該廠商的設計理念，從機械的構造、材質，乃至於滾筒的製作方式，差別比想像中的還要大。就連所適合的操作方式，以及操作性能等方面都截然不同。因此在購買時，不僅要考慮到預算，還必須考慮自己想在店內烘焙怎樣的咖啡豆，以及做為目標的客層。最近會指導顧客操作方式的廠商已經增加了不少，所以最好能在購買前，將有可能購買的機種全都試用過一遍。

另外，滾筒的容量也要根據每天的烘焙量改變所選擇的大小。是想要少量烘焙販售多種類的咖啡，還是擁有大宗的批發對象等，最好是根據店內的經營型態來進行判斷。當然，是要用來烘焙樣品、還是要用來製作成品，希望你能夠在確認好用途之後，再來研究該買的機種。

天氣、季節與烘焙間的關係

　　咖啡的烘焙作業，會受到季節或天氣導致的氣溫與濕度的變化影響。

　　比方說，在夏季氣溫較高時，生豆在常溫狀態下的溫度也容易提高。這樣一來，就算用往常的溫度烘焙生豆，也會出現回溫點偏高、升溫速度太快的情況。

　　另一方面，一旦季節來到冬天，這次則是會降低生豆的溫度，使得回溫點偏低、升溫速度減緩。

　　而在梅雨季節到秋天的這段期間，還會受到暴風雨之類的影響，使得排氣管的排氣效能降低。一旦碰到這種情況，就必須得微調火力與排氣閥的設定。

　　只不過，到頭來最重要的還是所完成的咖啡味道。只要在烘焙後用杯測確認到的味道有達到目標，那就不用太過神經質地在意那些細微變化。

「優質烘焙」的評價

　　自家烘焙店要是無法客觀的評價味道，就無法經由烘焙調整咖啡的味道。此外，想要向客人推薦商品，也務必要掌握店內咖啡的特色。為此，就必須要有能確認實際味道的程序。最好大量試飲，磨練自己的舌頭與感覺。

　　舉例來講，外觀色澤一致，並呈現漂亮形狀的咖啡豆，即可稱為「優質烘焙」。而在味道方面，不論是苦是酸都只是喜好上的問題，但在喝完後，口中會一直殘留不舒服的酸味與澀味的咖啡，可稱不上是「優質烘焙」。因此最起碼也要將沒有負面味道的情況視為判斷標準。

　　特別是基於不成熟的烘焙技術導致的味道要素，將可提出以下做為例子。

煙燻味

　　當咖啡豆釋放出過多的揮發成分與煙氣時，假如無法給予適當的排氣，就會形成充滿煙燻味或是煤氣味的咖啡味道。有時還會形成直上鼻腔的刺鼻臭味（又叫做烘烤味）。

苦澀味

　　毫無爽口感，味道就像是會一直殘留在下巴似的。有時還會帶有令人不快的刺舌酸味、咀嚼生豆芽菜般的苦澀感，以及黏稠的噁心苦味等。這主要是因為半生不熟與花豆的關係。

　　花豆是指咖啡豆顏色不一致的情況。可從外觀判斷。半生不熟是指咖啡豆受熱不佳，使咖啡豆中心與表面部分之間的烘焙程度不均，熱度沒有抵達中心的情況。雖然中心部分沒有受熱，但表面上看起來卻有一定程度的熟度，因此難以分辨。

關於烘焙機的設置與排氣

株式会社 富士珈機

烘焙機的設置，
要考慮到整體的排氣設備

在設置烘焙機時，不僅要考慮到烘焙機，還必須考慮包含除去烘焙豆剝離銀皮的集塵器、排出烘焙時冒出的煙氣的排氣管等排氣設備。因此，當我們要在咖啡店或咖啡豆專賣店裡設置烘焙機時，首先得考慮煙囪要設立在哪個位置上，再根據煙囪的位置決定烘焙機的設置場所與排氣管的接法。

而隨著烘焙進行，烘焙機將會形成高溫。如果是深焙的話，就連咖啡豆本身也會散發熱度，一旦溫度達到230～240℃左右，咖啡豆甚至會起火燃燒。所以為了以防萬一，讓咖啡豆就算在烘焙機中燃燒也不至於波及到建築物，烘焙機的設置位置就得要和牆壁隔一段距離。根據日本消防法規定，大型烘焙器具至少要離牆壁1公尺以上。

另外，排氣管與煙囪也會形成高溫。因此煙囪設立的地方也要離牆壁10公分以上，有時還會採取雙煙囪的結構以隔絕熱能。

至於其他方面，根據設置場所的位置，考慮到排放廢氣對於周遭的影響，有時還會加裝消煙裝置或後燃器。消煙裝置是種可吸附煙霧粒子的機械裝置，後燃器則是種將煙霧完全燃燒的機器，能將包含臭味在內的煙霧完全消除。至於要採用哪種裝置，則是要取決於店內的情況與預算，但最好打著店內總有一天一定會安裝的主意，將設置的空間納入考量。

根據排氣管的設置，
排氣方式也會跟著改變

另一項有關設置方面的重點，就是對於排氣方式的考量。畢竟排氣的情況將會影響到咖啡的口感。毋庸置疑，排氣效果儘管也會受到設置場所的情況影響，但要是對外排放的排氣管轉了三、四個彎，排氣的效果當然會變差，所以排氣管的配置最好是能夠盡量簡潔。

而和排氣一樣不可遺漏的，就是通風口的設置。畢竟在烘焙時，室內必須要適當地補充瓦斯燃燒時所消耗掉的氧氣，以及對外排放煙霧時所使用的氧氣。假如不設置通風扇與通風口，部分地區的消防署有時將不會給予設置許可，千萬要注意。

怠慢排氣管與煙囪的清掃，
甚至可能引起火災

烘焙機在長期使用之下，想要能一直進行適當的烘焙作業，就必須得要定期的清掃與維修。

特別是排氣管與煙囪，一旦怠慢清掃，就會囤積大量銀皮。如同棉絮般的粒子會緊密沾黏，有時甚至會堆到足以堵住通道。這樣一來，就會導致排氣效果不彰，無法進行適當的烘焙作業。更甚至會增加粒子起火而導致火災的危險性，因此一定得要定期的做清掃工作。堆積在集塵器內部的銀皮，也絕對要在烘焙前清除乾淨。至於烘焙機的維修方式，就依照各廠商的維修手冊適當進行吧！

第一次開咖啡店就賺錢

揭露大賺錢秘訣！開店創業就從這裡開始

要經營一家能高朋滿座的咖啡店，並非只要有「夢想」就行，然而需要哪些努力，都是身為老闆的人必須自行思考的地方。本書以圖解的方式為您解析日本人氣咖啡店受到歡迎的秘密，讓您藉由成功的案例經驗，開創出一家風格獨具的賺錢咖啡店。

（圖文資料摘自台灣東販《第一次開咖啡店就賺錢》© BOUND 2005）

歡迎洽詢訂購！

台灣東販股份有限公司
台北市南京東路4段130號2F-1

戶名：台灣東販股份有限公司　郵撥帳號1405049-4
TEL／(02)2577-8878　http://www.tohan.com.tw

咖啡烘焙機的 購 入 指 南

配合店家的規模、用途與設定為目標的咖啡，市面上販售了各式各樣的咖啡烘焙機。每種烘焙機都有各自的特色與特性，該選用哪一款咖啡烘焙機，將會是非常重要的一環。在此將主要的咖啡烘焙機製成製品指南。

株式会社富士珈機

TEL06-6568-0440 http://www.fujiko-ki.co.jp/

FUJIROYAL Roaster

歷經30餘年實績證明，成為常規商品的1kg、3kg、5kg、10kg的小型系列。經過重重改良，就連初學者也能完成烘焙的款式設計。烘焙好的咖啡豆也十分漂亮，讓人感到「烘焙咖啡豆還真是快樂」而獲得眾多使用者的高度評價。

Revolution

至今為止受到大量咖啡自家烘焙店採用的「FUJIROYAL Roaster」，在更加進化之下所開發而成的新型咖啡烘焙機。這款烘焙機的特色，就是配合精緻咖啡的時代，能夠在烘焙作業中發揮各款咖啡豆特性的款式設計。因此就連加熱方式，也不採納過去烘焙機的直火式與半熱風式，而是特意採用熱風式的結構。實現用烘焙溫度達300℃左右的低溫熱風所進行的烘焙作業。為製造出滑順口感的咖啡，而伴隨咖啡豆的溫度上升，製作出「現行4段變速」的爐溫階段，讓豆溫度的標準化程序得以穩定。可用裝設在烘焙機側方的觸控面板，將烘焙數據化並進行數位控制。

DKSHジャパン株式会社
科技事業單位

TEL 03-5730-7600　http://www.dksh.com/japan

PROBAT「Shop Roaster PROBATONE 系列」

PROBAT公司位在德國的Emmerich，是從1868年起著手開發與製造烘焙機。該公司的滾筒式烘焙機的最大特色，就是在他們長年研發的技術之下，利用所製造的窯爐型狀與攪拌生豆用的鐵鏟形狀，達到均勻烘焙咖啡豆的可能性，同時還兼具高度的蓄熱性與氣密性，以身為高重現性的烘焙機，而廣受世界各地的讚賞。2008年開始販售的最新型半熱風內鍋，共有5kg內鍋、12kg內鍋與25kg內鍋等批次尺寸。新式與舊式的最大不同點，就是搭載獨立的烘焙用與冷卻用風扇，而能進行連續的烘焙作業。烘焙機使用鑄造物製作，排氣閥為基本配備，可搭載「PROBAT Shop Roaster」（選購），透過與電腦連接，記錄並重現烘焙作業的標準化流程。

株式会社大和鉄工所

TEL086-948-3777 http://www.daiwa-teko.co.jp

Meister 烘焙機

這台精緻咖啡時代的烘焙機，是大和鐵工廠與眾所皆知的咖啡名店Bach Kaffee雙方合作開發而成的獨創烘焙機。是裝有Bach Kaffee平日經營所累積的烘焙訣竅與資料，適合小規模店家使用的烘焙機，其Meister烘焙機系列機種，會依照生豆容量分為10kg、5kg與2.5kg等3種款式。可將需要反覆執行的作業程序資料化，並輸入操作盤中。因此，可藉由操作盤的觸控面板輸入程序化資料，由電腦自動控制從投入生豆到第二爆為止的排氣量。此外，還能刻意不採用全自動模式，進行活用烘焙者感性的半自動模式。採用可消除烘焙偏差的雙重構造，以及切身替使用者著想的貼心設計。

Discovery

烘焙量僅200g的超小型正規烘焙機。實現構造的精簡化與省空間的設計。儘管是超小型烘焙機，但正規烘焙機的機能也一應俱全。可做為營業用、樣品用，以及做為興趣的家庭用烘焙機使用。基本配備有獨立的排氣風扇、冷卻風扇，以及攪拌馬達。

ラッキーアイクレマス株式会社

TEL078-451-8300 http://www.lucky-cremas.co.jp

Roaster SLR-4（4kg 款式）

Roaster SLR-1（1kg 款式）

可輕鬆設置的烘焙機，是能輕鬆入門的4kg款式。直火瓦斯式，使用電力為單相100V，烘焙能力為2～4kg。

採用精簡化設計，可輕鬆設置的1kg烘焙機。可借助烘焙中也能進行冷卻的功能提高作業效率。熱源採用瓦斯（13A-LPG）。使用電力為單相100V。重量約51kg。烘焙能力為0.5～1.0kg。

株式会社ノーザンコマーシャル

TEL03-3485-5820 http://www.noco.co.jp

Diedrich 1kg 烘焙機

適合自家烘焙店使用，備有5kg、12kg烘焙機的Diedrich系列最新開發的1kg標準烘焙機。是保留Diedrich過往特色的精簡化開發機種。並在2010年4月舉辦的SCAA（美國精品咖啡協會）的展示會上，榮獲最佳咖啡新產品獎。過去的1kg以下小型烘焙機會強調其自身為樣品烘焙機的要素，但1kg標準烘焙機的最大特色，就是它具有與小型、中型烘焙機相同的機能。儘管容量上限為1kg，卻可從200g開始烘焙，就算是少量烘焙也能表現出咖啡豆的性質。可用這一台烘焙機，同時進行杯測用烘焙、烘焙標準化程序的研究，以及製品化的正式烘焙。

還具有豐富的顏色變化與塗裝，可配合店家風格選購。

株式会社ディーシーエス

TEL0798-65-2961　http://www.dcservice.co.jp

Loring Smart Roaster

　　採用特殊的加熱方式，藉由精密控制烘焙場面，實現純淨清澈的頂級咖啡。其顧慮環境的設計，可減少80％的溫室效應氣體。同時降低使用者的維修負擔，實現最好的優質使用環境。冷卻盤只需數分鐘就能簡單拆解，讓清掃作業變得簡單輕鬆。不僅不需要任何特殊工具，平常也不必對機軸上油與注入潤滑油。10.4吋觸控液晶面板，可做為把握烘焙機一切動作的「窗口」。除此之外，還備有許多優秀的基本機能。

日本珈琲貿易株式会社

TEL06-6251-5858　http://www.ncc.co.jp

Novoroaster

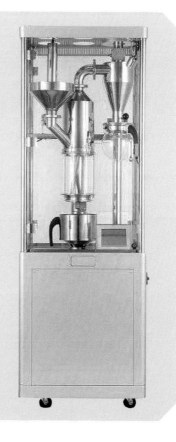

　　寬幅、深度為63cm，高度為181.5cm的極精簡設計。是一台全面透明的「魅惑烘焙機」。用它來做為超出室內裝飾的領域的店家招牌，保證能吸引來店顧客的注目。宛如開放式廚房的感覺，可讓客人一邊享受香氣誘人的咖啡，一邊觀賞烘焙生豆的模樣。還可以打上聚光燈，展現出烘焙過程。在集塵器的有效運作下，利用咖啡的芬芳香氣與引人注目的烘焙過程，讓店面更為醒目。

國家圖書館出版品預行編目資料

日本咖啡名店優質烘焙技術 / 旭屋出版編著；
　薛智恆譯 . -- 初版 . - 臺北市：臺灣東販，
　2012.04
　132面；20.7×28公分
　ISBN 978-986-251-715-4 (平裝)

1. 咖啡

427.42　　　　　　　　　　　　　10100350

Reference book for the Coffee Roasting

●日文版工作人員

攝影　　　後藤弘行　曾我浩一郎（旭屋出版）／佐々木雅久

設計　　　ライラック（杉山 久　石田 崇　岡本花菜）

編輯、取材　雨宮 響　齊藤明子　大畑加代子　相 和晴

COFFEE BAISEN NO GIJUTSU

© ASAHIYA PUBLISHING CO.,LTD.2011

Originally published in Japan in 2011 by ASAHIYA PUBLISHING CO.,LTD.

Chinese translation rights arranged through TOHAN CORPORATION, TOKYO.

日本咖啡名店優質烘焙技術

2012年 4 月 1 日初版第一刷發行
2018年 12 月 1 日初版第七刷發行

編　著　　旭屋出版
譯　者　　薛智恆
副主編　　陳其衍
發行人　　齋木祥行
發行所　　台灣東販股份有限公司
　　　　　＜地址＞台北市南京東路 4 段 130 號 2F-1
　　　　　＜電話＞(02)2577-8878
　　　　　＜傳真＞(02)2577-8896
　　　　　＜網址＞ http://www.tohan.com.tw
郵撥帳號　1405049-4
法律顧問　蕭雄淋律師
總經銷　　聯合發行股份有限公司
　　　　　＜電話＞(02)2917-8022
香港總代理　萬里機構出版有限公司
　　　　　＜電話＞2564-7511
　　　　　＜傳真＞2565-5539

TOHAN